文春文庫

三陸海岸大津波

吉村 昭

文藝春秋

目次

原題『海の壁——三陸沿岸大津波』一九七〇年七月　中央公論社刊
〈中公新書224〉
「三陸海岸大津波」一九八四年八月　中公文庫刊

三陸海岸大津波

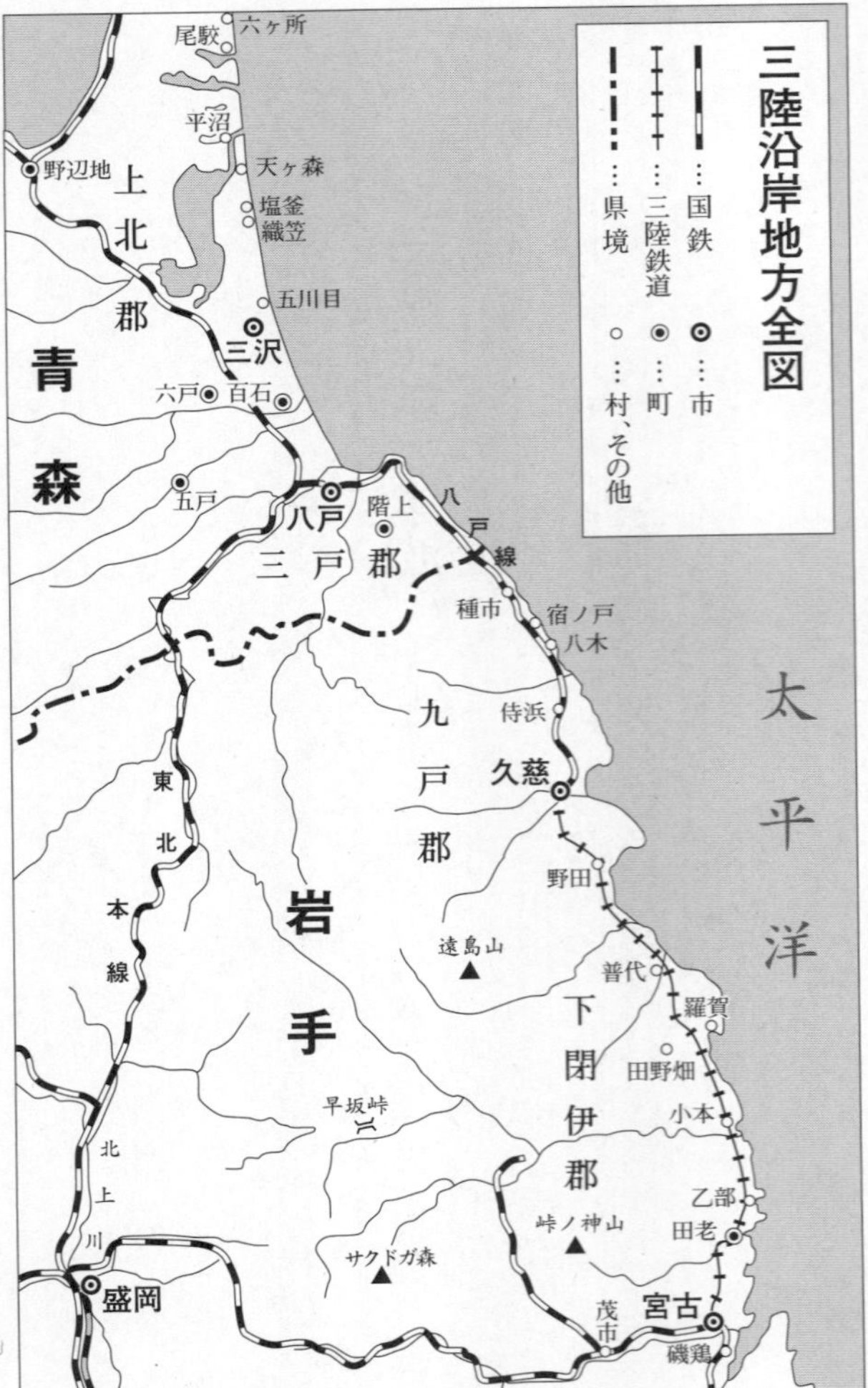

三陸沿岸地方全図
…国鉄
…三陸鉄道
…県境
◎…市
◉…町
○…村、その他
太平洋
青森
岩手
上北郡
三戸郡
九戸郡
下閉伊郡
六ヶ所
尾駮
平沼
野辺地
天ヶ森
塩釜
織笠
五川目
三沢
六戸
百石
五戸
八戸
階上
八戸線
種市
宿ノ戸
八木
侍浜
久慈
野田
遠島山
普代
羅賀
田野畑
小本
乙部
田老
宮古
磯鶏
茂市
峠ノ神山
サクドガ森
早坂峠
東北本線
北上川
盛岡

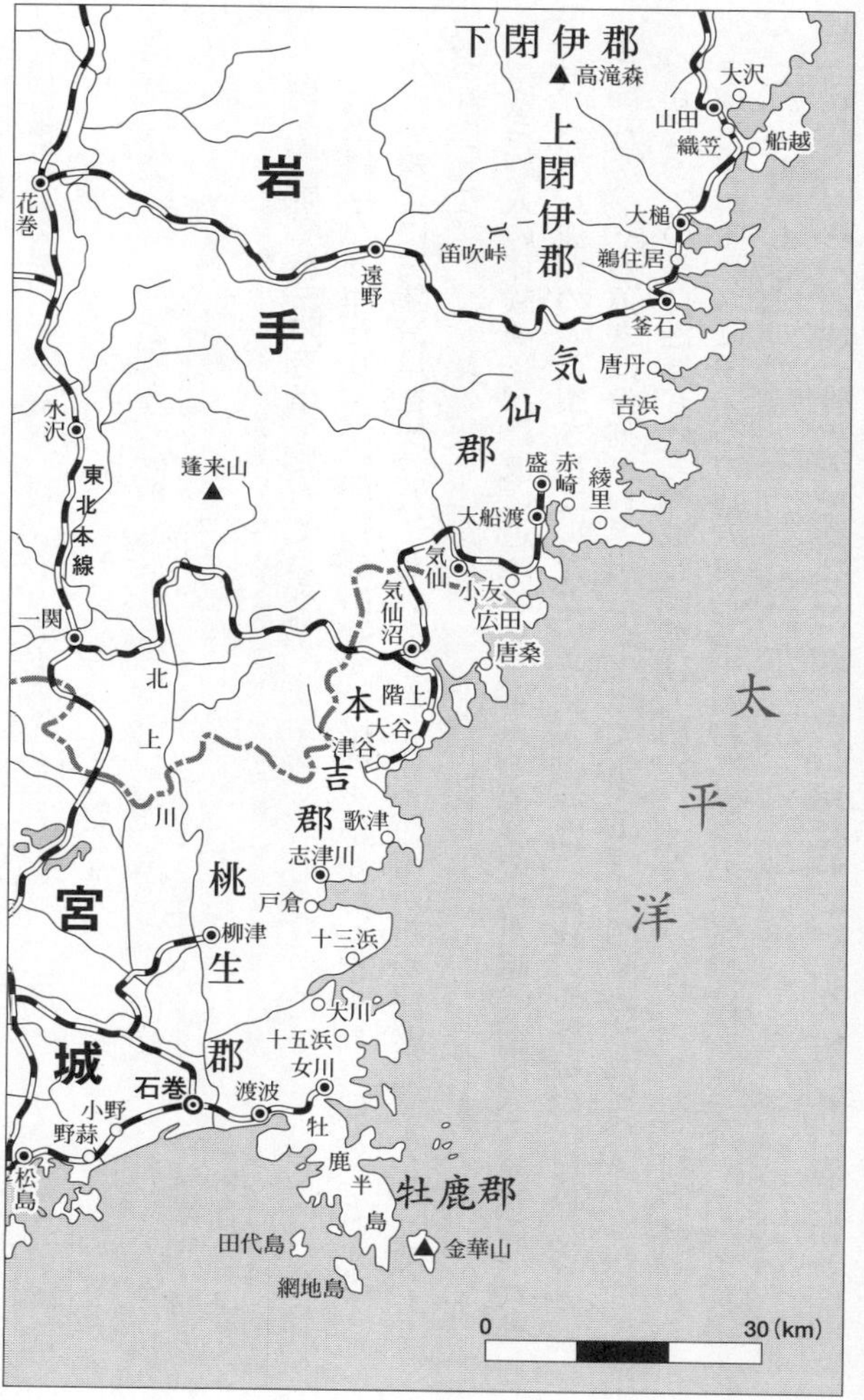
下閉伊郡
高滝森
大沢
山田
織笠
船越
上閉伊郡
岩手
花巻
大槌
笛吹峠
鵜住居
遠野
釜石
手
気仙郡
唐丹
吉浜
水沢
蓬来山
盛
赤崎
綾里
東北本線
大船渡
気仙
小友
広田
気仙沼
一関
唐桑
北上川
本吉郡
階上
大谷
津谷
太平洋
歌津
志津川
戸倉
宮城
桃生郡
柳津
十三浜
大川
十五浜
女川
石巻
渡波
小野
野蒜
松島
牡鹿半島
牡鹿郡
田代島
金華山
網地島
0
30（km）

昭和八年六月当時

まえがき

私は、何度か三陸沿岸を旅している。

海岸線をたどったり、海上に舟を出して断崖の凄絶な美しさを見上げたこともある。小説の舞台に三陸沿岸を使ったことがあるが、いつの頃からか津波のことが妙に気にかかり出した。

或る婦人の体験談に、津波に追われながらふとふりむいた時、二階家の屋根の上にそそり立った波がのっと突き出ていたという話があった。深夜のことなので波は黒々としていたが、その頂きは歯列をむき出したように水しぶきで白くみえたという。

私は、その話に触発されて津波を調べはじめた。そして、津波の資料を集め体験談をきいてまわるうちに、一つの地方史として残しておきたい気持にもなった。……それが、この一書である。

私は、むろん津波の研究家ではなく、単なる一旅行者にすぎない。専門的な知識には乏しいが、門外漢なりに津波のすさまじさにふれることはできたと思っている。

昭和四十五年六月

吉村　昭

一　明治二十九年の津波

前兆

明治二十九年（一八九六年）六月――青森・岩手・宮城の三県にわたる太平洋に面した三陸沿岸は、梅雨の季節にあった。

波浪の絶え間なく激突する屹立《きつりつ》した断崖、鋸《のこぎり》の歯のように入りくんだ海岸線、その湾の奥にいとなまれる村落の家並も、降りつづく雨に白々と煙っていた。

明治維新以来、日本は列強の威力におびえながらも着実に経済力をのばし、軍事力の整備にもつとめてきていた。そして、明治二十七年には、内乱の発生した韓国をめぐって、日本は、東洋最大の軍備をほこる清国と戦争状態に入った。

清国は、世界有数の巨艦「定遠」「鎮遠」を中心に強大な艦隊を保有して日本海軍を質量ともに圧していたが、黄海海戦は日本側の勝利に終り、また陸軍の威海衛、澎湖島《ほうことう》の占領もあって、翌明治二十八年四月には日清両国間に媾和《こうわ》条約が締結された。

日本は、その勝利によって東洋の大国の位置を占め、国内は戦勝気分に沸《わ》き立った。

そして、その頃から各種工業も本格的な発展の道を進みはじめていた。

しかし、三陸沿岸地方は、文明の恩恵から遠く見放された東北の僻地にすぎなかった。深くくいこんだ無数の湾内には小さな漁村が点在していたが、内陸部と通じる道路はほとんどなく、舟をたよりとした海上連絡があるのみで、各町村は、陸の孤島とでもいえるような孤立した存在であったのだ。

三陸沿岸地方は、豊かな魚介類の資源にめぐまれていた。沖合を流れる黒潮は多くの魚族を群れさせ、複雑な線をえがく海岸の岩礁は、タコ、貝類、ウニ、海草の一大棲息地ともなっていた。が、消費地から遠いため運送という障害にさまたげられ、さらに天候に支配された不漁にもしばしば見舞われて、漁村は概して貧窮の中に呻吟していた。

その年の梅雨期は気温が異常に高く、漁民は湿気にもなやまされてあえいでいた。それに漁が例年になく不漁で、かれらの表情は一様に暗かった。

と、六月に入った頃から、三陸沿岸一帯に著しい漁獲がみられるようになった。それは日を追うにつれて急激に増し、漁民の顔は明るく輝いた。

さらに六月初旬をすぎた頃になると、漁獲量は途方もない量となった。各漁村の古老は、そのおびただしい魚の群に呆然とし、

「前例をみない大漁だ」

と、驚嘆するほどだった。

当時の大豊漁については、現在八十七歳の高齢で岩手県下閉伊《しもへい》郡田野畑《たのはた》村に住む早野幸太郎氏がよく記憶している。氏はその年に十三歳であったが、早野少年の眼にも、その折の大豊漁は奇異な印象として焼きつけられた。

早野氏の生家は網元で、数多くの定置網を海面に張っていた。氏の記憶によると、六月十日頃から本マグロの大群が、海岸近くに押し寄せてきたという。

田野畑村は、思わぬ魚群に歓びの声をあげた。網の中に、マグロがひしめき合いながら殺到してくる。

網は、マグロの魚体で泡立った。マグロは、出口をもとめて網の壁に沿って一方向に円をえがいて泳ぐ。その光景は、壮観さを越えたすさまじいものだった。漁船に乗った早野少年は、マグロの群が網の内部をウナリをたてて素早い速度でまわっているのをみた。その勢いで、網の内部には大きな渦が生じ、中央部の水面は深くくぼんで擂鉢《すりばち》状にさえなっていたという。

漁船は、それらの網からマグロを引き上げ、今にも沈みそうになるほど満載して海岸にたどりつく。そして、マグロを岸に揚げて引き返すと、すでに網の中にはマグロの大群が激しい渦を起して泳ぎまわっていた。

岸は、たちまち魚体でおおわれた。村の者たちは、老人や女をはじめ子供まで加わってマグロを箱に入れていった。が、後から後からマグロが陸揚げされるので、入れる箱もなくなってしまった。

村では有力者たちが集って種々協議の末、村内を流れる大須賀川をせきとめてそこにマグロを収容したという。

「大漁も大漁。あんな大漁は生涯聞いたことも見たこともない」

と、早野氏は述懐した。

このような大豊漁は、むろん田野畑村だけではなく三陸海岸一帯に共通したものだった。漁は、マグロ以外にも鰯《いわし》やカツオが処置に困惑するほどとれたという。

ことに鰯の大漁は、各地でみられた。

一例をあげると、青森県鮫《さめ》村から湊《みなと》に至る海岸では、その年の不漁に悩んでいたが、五月下旬頃から鰯の大群が押し寄せてきた。その量は想像を絶したもので、海面は鰯の体色で変化して一面に泡立ち、波打ち際も魚鱗のひらめきでふちどられたほどだった。

漁民は、大いに喜んで鰯漁に精出した。しかしその異常な大漁は四十年前の安政三年(一八五六年)以来のもので、その年には鮫村から湊に至る地域をはじめ三陸海岸一帯に戦慄すべき災害が発生していたのだ。

安政三年七月二十三日、北海道南東部に強い地震があり家屋の倒壊が相ついだ。その地震の直後、青森県から岩手県にかけた三陸沿岸に津波が襲来し、死者多数を出している。

その津波が海岸線を襲う以前に、漁村は鰯の大豊漁ににぎわった。つまりその四十年ぶりの大豊漁は、津波襲来の不吉な前兆である可能性も秘めていたのだ。

事実、その豊漁と平行して、多くの奇妙な現象が沿岸の各地にみられた。

青森県上北《かみきた》郡一川目村附近では、連日夜になると青白い怪しげな火が沖合に出現した。村民たちは、稲光かまたは怪しげな狐火の類だろうと噂《うわさ》し合っていたが、この現象は魚群の来襲と無関係ではなかった。つまり海に、なにかいちじるしい変化が起っていたのだ。潮流に乱れが起っていたという事実もあるし、水温の急変があったとも伝えられている。理由はさだかではないが、それらの海中の変調の影響をうけて、魚は群をなして海岸近くに移動し、また怪しげな火が一川目村沖合にも出現したのだ。

岩手県北閉伊郡磯雞村では、安政三年の津波襲来前に川菜と称する海草が濃い密度で磯をふちどるという奇現象があった。それ以後川菜は長い間絶えていたが、数カ月前から川菜が磯に生えはじめ、安政三年の津波を知っている古老たちは、津波の前ぶれではないかと会う人ごとに警告していた。

またその年の三月頃から三陸沿岸一帯に、鰻《うなぎ》の姿が多くみられた。死骸の群が漂着して処置に困った漁村もあれば、磯に押し寄せた鰻をとらえて思わぬ漁獲に喜んだ漁村もあった。一日磯に出れば一人で二百尾程度をとらえるのは容易で、鳥が砂をクチバシで掘り起して鰻をついばむ光景もみられたほどだった。

この鰻の発生も、安政三年の津波襲来直前にみられた現象で、鰻の群を不吉な前兆としておそれる老人もいた。

さらに六月十二、三日頃になると、潮流に乱れがみとめられた。ことに宮城県本吉《もとよし》郡志津川町では、漁船が変化した潮流で岸にもどるのに困惑したという報告もあった。

また沿岸一帯の漁村では、井戸水に異変が起っていた。岩手県東閉伊郡宮古《みやこ》町に例をとると、六月十四日から六〇メートルの深さをもつすべての井戸の水が、一つ残らず濁りはじめた。その色は白か赤に変色したもので、人々はその現象をいぶかしんでいた。

六月十五日は、陰暦の五月五日で端午の節句に当っていた。近来稀な大豊漁にもめぐまれて、三陸沿岸一帯の家々では、軒先に菖蒲をかざり、餅をつき酒食をととのえて沸き立っていた。

厚い梅雨雲がたれこめ、ひどく蒸し暑い日だった。所によっては、糠雨《ぬかあめ》が降っていた。午前と午後に、かすかな地震があった。が、それは人々に気づかれぬほど微弱なものだった。

男の児をもつ家々では、端午の節句を祝うささやかな酒宴がひらかれていた。親戚の者や友人知己が集って、酒がくみ交され歌声も起っていた。

また日清戦役から凱旋してきた将兵たちの祝賀会も、各町村でもよおされていた。岩手県南閉伊郡大槌《おおつち》町でも全町あげての歓迎会がひらかれていた。

朝からの雨であったが、町民は景気をつけるために海に船をうかべて狼煙《のろし》をあげ、海岸の州崎では町の者たちが凱旋兵をとりかこんで祝宴をあげていた。そして、多くの花火師が他の地域から招かれ、日没後には花火が夜空を華やかに彩る予定になっていた。

その日の午後の干潮時には、各所で稀なほどの大干潮がみられ、井戸の水も著しく減少した。が、少数の老人をのぞいては、ほとんどの人々がその現象を別にいぶかしみもしなかった。

夕方になると、三陸海岸一帯は雨となった。そして日が没した頃には、雨勢も強まっていた。

家々に灯がともり、その灯をかこんで端午の祝いや凱旋兵を歓迎する酒宴は一層にぎわいを増していた。

宮古測候所では、午後七時三十二分三十秒に弱震を記録、それは五分間の長さにわたり、ついで同五十三分三十秒にも弱震をとらえた。

人々は、震動のやむのを待って再び杯をとり上げたが、八時二分三十五秒にはまた大地がゆったりと揺れた。

この弱震があってから二十分ほど経過した頃、いつの間にか闇の海上では戦慄すべき大異変が起りはじめていた。

海水は、壮大な規模で乱れはじめ、海岸線から徐々に干《ひ》きはじめ、やがてその速度は急激に増していた。それは、巨大な怪物が、黒々とした衣の裾《すそ》をたぐり寄せるのに似た光景だった。湾内の岩はたちまち海水の中からぞくぞくと頭をもたげ、海底は白々と露出した。或る湾では一、〇〇〇メートル以上もある港口まで海水がひいて干潟《ひがた》と化した。干いた海水は、闇の沖合で異常にふくれ上ると、満を持したように壮大な水の壁となって海岸方向に動き出した。

その頃、人々は、海の恐るべき姿にも気づかず酒食に興じていたが、突然沖合から、

「ドーン」

「ドーン」

という音響を耳にして、不審そうに顔を見合わせた。

或る者は、それを雷鳴かと思った。また或る者は、大砲の砲弾を発射する音のようにきいた。日本の軍艦が、砲撃演習をしているのだろうと口にする者もいたが、中には日本を敵視する軍艦の砲撃と推測する者もいた。

当時、日本が恐れていたのはロシアであった。

日清戦役後の日・清両国間でむすばれた媾和条約の一条項は、ロシア、ドイツ、フランス三国によってきびしい批判を浴びせかけられた。それら三国は、東洋に於ける権益の増大をはかって互いに勢力の拡大につとめていたが、日清戦役の勝利によって日本の立場が強まったことに大きな不満をいだいていた。そのため媾和条約の内容に三国一致

して強硬な干渉をおこない、ついに遼東《りようとう》半島の日本領有を放棄させた。その中でも特にロシアは、極東艦隊を擁して日本を敵視し、自国の要求が通らなければ日本との間に一戦をも辞しかねない強硬な態度を露骨にしめしていた。

結局日本は、ロシアと戦う力はないと自覚してロシアをはじめとした三国の要求をいれたが、国内の対露感情はそれを契機に悪化していた。そして、日本とロシアとの間に近い将来、戦争が勃発するだろうという予感にもおびえていた。

そうした事情もあって、沖合で突然起ったドーン、ドーンという音響を耳にした一部の者たちは、ロシア艦の砲撃と錯覚した。

宮城県本吉郡唐桑《からくわ》村の根口万次郎という予備歩兵は、音響をきくと同時に敵艦来れりと叫んで剣をつかんで海岸に走り、他の町村でもロシア艦の来攻にちがいないとかなりの混乱が起った。

また、その音響と前後して、海上に怪しげな火閃《かせん》を目撃した者も多かった。

その一人に岩手県南九戸《くのへ》郡野田村駐在巡査游佐左仲がいる。

游佐巡査は、その夜所轄管内の宇野村の巡回を終えてから、小雨にぬれながらひとり山道をたどって野田村にむかった。午後八時二十分頃、野田村駐在所から一キロほどの地点までできた時、かれは、ドーン、ドーンという音をきいて足をとめ、海上を凝視した。その時、眼に火の色が映った。それは、提灯《ちようちん》ほどの大きさで、数十個の怪火が沖合から陸地にかけてゆらゆら揺れるように漂っていた。

游佐巡査は、俗に伝えられる狐火かと背筋の凍るのを意識してたたずんでいたという。

音響と怪火は、巨大な波の壁から生じたものであった。波はその頂きで仄白《ほのじろ》い水しぶきを吹き散らし、海上一帯を濃霧のような水の飛沫でおおった。

すさまじい轟音が三陸海岸一帯を圧し、黒々とした波の壁は、さらにせり上って屹立した峰と化した。そして、海岸線に近づくと峰の上部の波が割れ、白い泡立ちがたちまちにして下部へとひろがっていった。

海上の無気味な大轟音に驚愕《きょうがく》した人々は、家をとび出し海面に眼をすえた。そこには、飛沫をあげながら突き進んでくる水の峰があった。

波は、すさまじい轟きとともに一斉にくずれて村落におそいかかった。家屋は、たたきつけられて圧壊し、海岸一帯には白く泡立つ海水が渦巻いた。

人々の悲鳴も、津波の轟音にかき消され、やがて海水は急速に沖にむかって干きはじめた。家屋も人の体も、その水に乗って激しい動きでさらわれていった。

干いた波は、再び沖合でふくれ上ると、海岸にむかって白い飛沫をまき散らしながら突き進んできた。そして、圧壊した家屋や辛うじて波からのがれた人々の体を容赦なく沖合へと運び去った。

ジャバ島附近のクラカトウ島火山爆発による大津波につぐ世界史上第二位、日本最大の津波が三陸海岸を襲ったのだ。

津波は、約六分間の間隔をおいて襲来、第一、二、三波を頂点として波高は徐々に低くなったが、津波の回数は翌十六日正午頃まで大小合計数十回にも及んだ。

津波の高さは平均一〇メートルとも一五メートルともいわれている。が、私が田野畑村羅賀《らが》で会った一老人の話は、津波の高さを立証するものとして興味深かった。その老人は、中村丹蔵という明治十九年生れの八十五歳の人である。

三陸沿岸には魚介類を多食するせいか長命者が多いが、さすがに明治二十九年六月十五日の津波を経験し記憶している人は数少ない。岩手県下閉伊《へい》郡田老《たろう》町には中島安右衛門という八十六歳の老人が一人存命していたが、老衰のため記憶がすでに薄れて話をきくことができなかった。その点、田野畑村では、早野幸太郎氏とこの中村氏二名の津波経験者が健在だったことは幸いだった。

私は、田野畑村村長早野仙平氏の案内で、同村の一字《あざ》である羅賀の村落に入った。車は、海岸線をつたわって羅賀の村落に入ると、急坂をのぼって坂の中途でとまった。中村氏の家は、そこからさらに石段をのぼった高所に建っていた。

中村氏は、当時十歳の少年で端午の節句の夜、家で遊んでいた。小雨が降り、家の周囲には濃い霧が立ちこめていた。

突然、背後の山の中からゴーッという音が起った。少年は、豪雨が山の頂きからやってきたのだな、と思った。

と、山とは逆の海方向にある入口の戸が鋭い音を立てて押し破られ、海水が激しい勢いで流れこんできた。

祖父が、

「ヨダ（津波）だ！」

と、叫んだ。

中村少年は、家人とともに裏手の窓からとび出すと、山の傾斜を夢中になって駈け上った。

翌日、海も穏やかになったので、おそるおそる家にもどってみると、家の中にはおびただしい泥水にまじって漂流物があふれていた。

その話をきいた早野村長は、驚きの声をあげた。田野畑村の津波をふせぐために設けられている防潮堤の高さは八メートルで、専門家もそれで十分だとしているが、

「ここまで津波が来たとすると、あんな防潮堤ではどうにもならない」

と不安そうに顔を曇らせた。

中村氏の家は、かなり高い丘の中腹に建っている。そのあたりの地形は、当時とほとんど変りはないし、そこまで波が押し寄せてきたとは想像もできなかった。

私は、村長と中村氏の家の庭先に立ってみた。海は、はるか下方に輝き、岩に白い波

濤がくだけている。

「四〇メートルぐらいはあるでしょうか」

という私の問いに、村長は、

「いや、五〇メートルは十分あるでしょう」

と、呆れたように答えた。

羅賀は、楔《くさび》を打ちこんだような深い湾の奥にある。押し寄せた津波は、湾の奥に進むにつれてせり上り、高みへと一気に駈けのぼっていったのだろうが、五〇メートルの高さにまで達したという事実は驚異だった。

被害

宮城県下の被害は、死者三、四五二名、流失家屋三、一二一戸、青森県下では死者三四三名に達したが、この両県に比して岩手県下の被害はさらに甚しく、死者は実に二二、五六五五名、負傷者六、七七九名、流失家屋六、一五六戸にも及んだ。

岩手県南部の気仙郡では、人口三二、六〇九名中、死者六、七四八名で二一パーセントが死亡。吉浜村では、人口一、〇七五名中、九八二名が死者となり、全滅状態に近い。

上閉伊郡（旧南・西閉伊郡）の被害は、さらにこれを上まわる惨状を呈した。同郡の全人口一六、二五九名中、死者六、九六九名を算し、ことに釜石町は、人口六、五五七名中、五、〇〇〇名が死体となった。

下閉伊郡（旧東・北・中閉伊郡）の被害状況も惨憺たるもので、全人口三五、四八二名中、七、五五四名が死亡、船越《ふなこし》村、山田町、津軽石村、田老町、普代《ふだい》村は、住民の半ば近くが津波にのまれた。

北部にある九戸郡《くのへ》（旧南九戸郡等）では他の郡に比して被害は軽いが、それでも一、二九四名の死者を出している。

これら四郡の人口は一〇三、七七二名で二二パーセントが津波による死者となったのである。これら各郡の住民は、むろん海岸から遠くはなれた山間部に住む者も多く、かれらは津波の被害も受けていない。そうしたことから考えてみると、海岸に住む者のほとんどが、死亡または負傷したことになる。

また四郡下の総戸数一七、二一一戸中その三六パーセントにあたる六、一五六戸が流失してしまっているが、この数字も海岸線の村落が完全に潰滅したことを意味している。

辛うじて高地に逃げて死をまぬがれた住民たちは、夜の白々あけとともに村落の光景を眼にして身をふるわせた。

村落は、荒地と化していた。津波のはこんできた大小無数の岩石が累々として横たわり、丘陵のふもとにある家々がわずかに半壊状態で残されているだけで、海岸線に軒をならべていた家々は跡形もなく消えていた。

海は、平穏な海に復していた。しかし、そこには家屋・漁船の破片や根こそぎさらわれた樹木が、芥《あくた》のように充満していた。

住民たちは、再び津波の来襲するのをおそれて、丘の上から海岸へ降りようとはしなかった。そして、虚脱したように海岸を見下したまま時をすごした。

夜になると、丘の上で火が焚《た》かれた。電線も道路も杜絶して、救援隊もやってはこない。かれらは、ようやく激しい飢えになやみはじめた。

やがて夜が明けた頃、住民たちはおびえながらも丘から海岸へとおりていった。見失った肉親の安否を気づかって、かれらはあてもなく海岸をさまよった。

死体が、至る所にころがっていた。引きちぎられた死体、泥土の中に逆さまに上半身を没し両足を突き出している死体、破壊された家屋の材木や岩石に押しつぶされた死体、そして、波打ち際には、腹をさらけ出した大魚の群のように裸身となった死体が一列になって横たわっていた。

所々海岸のくぼみにたまった海水の中には、多くの魚がはねていた。それを眼にした住民たちは、飢えに眼を血走らせてそれらをとらえるとむさぼり食った。

かれらは、あまりの惨状に手を下すことも忘れて、ぼんやりと死体の群をながめているだけだった。

梅雨期の高い気温と湿度が、急速に死体を腐敗させていった。家畜の死骸の発散する腐臭もくわわって、三陸海岸の町にも村にも死臭が満ち、死体には蛆《うじ》が大量発生して蠅が潮風に吹かれながらおびただしく空間を飛び交っていた。

やがて、山間部の村落から有志によって組織された救援隊がやってきて、乏しいながらも食料が生き残った人々に支給された。が、死骸を取り片づけるには労力不足で、死体はそのまま処分もされずに放置されていた。

大津波の来襲した翌六月十六日午後三時、災害発生の電報がようやく東京の内務省に入電し、内務大臣は急いでその旨を明治天皇に上奏、また内務省から各省に緊急連絡されて本格的な救援準備に着手した。

災害の大きさを憂えた天皇は、侍従東園《ひがしぞの》基愛《もとなる》子爵を慰問使として派遣することに決定、侍従は、六月十八日の一番列車であわただしく宮城・岩手両県へと出発、天皇、皇后両陛下は岩手県へ金一万円、宮城県へ金三千円、青森県へ金千円の慰問金を贈った。

東園侍従は、災害地におもむいて生存者を激励してまわった。死の恐怖からまだぬけきれない住民たちは、白い布に赤い水で染めた日の丸を半壊の家屋の軒に一斉に立てて侍従一行を迎え、慰問の言葉に涙を流していた。

政界・官界からの視察員も派遣され、仙台の第二師団では、津波の報を受領と同時に多数の軍医を災害地に急行させ、治安維持のため憲兵隊も派遣した。また工兵隊員多数も死体処置その他の目的をもって出動、海軍では、軍艦「和泉」「龍田」「筑紫」の三艦を派遣し、海上に漂流している死体の捜索にあたらせた。

民間人の救援活動も目ざましいものがあった。

日本赤十字社では、医師一一名、看護人・看護婦四〇名を急派したが、仙台支部でも多数の医師、看護婦が災害地に夜を徹して急ぎ、遠く福島県赤十字社支部からも医師四名、看護婦二名が列車にゆられて三陸海岸へとむかった。

また東京市京橋区西紺屋町八番地にある看護婦会幹事山本里子は、看護婦木村たを子、秋尾つる代、江場かよ子、青木とも子、小宮よし江、福田たま子、伊佐治みし子、辻きよ子、星野きし子等一〇名に呼びかけて篤志看護婦隊を組織、自費で三陸海岸の災害地におもむいた。その他、宇都宮共立病院、帝国大学等からも、薬品、治療用材料をたずさえた医師団が自費で出発するなど、続々と医師・看護婦が災害地に乗りこんでいった。

これらの医師、看護人、看護婦たちは、夜も眠らず負傷者治療のために走りまわった。そして、赤十字社では、相川、志津川、伊里前、名足、小泉、大谷、明戸、気仙沼、唐桑、宿、大沢等に仮病院を設置し、治療の便に供した。

食糧の窮乏は日増しに深刻なものとなって食物の奪い合いなども起ったが、これについては岩手県庁が宮古町に残っていた貯蔵米をひとまず海岸の各被災地に放出、六月二十二日には函館で米を大量に買いつけ、アメリカ汽船に積みこんで現地へと送った。が、それらの米の量では、被災者の飢えを救うのにほとんど効果はなく、食糧対策は重要な課題となった。

また衣類の欠乏も、被災地では深刻な問題であった。

津波の発生時は蒸し暑く、人々は薄着になっていた。男は褌一つで端午の節句の祝いの酒杯をあげていたし、女も子供も半裸に近い者が多かった。そのため生き残った者たちは衣類を身にまとっている者は少なく裸同然の姿だった。梅雨期の気温は不安定で、雨が連日つづくと気温は急に低下する。夜に入ると寒気は一層増すが、寝具等も一切失った被災者たちは、寒さに身を寄せ合ってふるえていた。

このような窮状を知った県庁をはじめ各方面から衣類や布が三陸海岸に送られたが、仙台市でも宮城県庁の呼びかけで一般市民に対する衣類の寄贈がもとめられた。

仙台市民の反応は大きかった。市民たちは、眼をうるませて衣服を市役所へ持参し、中には自分の着ている衣服をその場でぬいでさし出す者も多かった。市役所の救難部には衣服や家庭用品が山積みされ、さらにその後も寄贈がつづいたので、県会議事堂内に臨時出張所を設けて受領と発送に従事させたりした。

三陸沿岸を襲った津波の大災害は、日本駐在の各国公使からそれぞれ本国へ打電され、イギリスをはじめフランス、ベルギー、清国、オーストリア、ドイツ等から慰問の言葉が多数寄せられた。

ようやく災害地にも、本格的に救援の手がさしのべられ、腐爛した死体の処理もはじまった。が、葬儀などをおこなうような状態ではなく、死体は流木の上にひとまとめにしてのせられ重油をまいて焼かれた。

肉親を探してあてどもなく歩く者が多かった。精神異常を起して意味もなく笑う老女や、なにを問いかけられても黙りつづける男もいた。

宮城県本吉郡小泉村では、倒れた木のかたわらでたたずむ一少女の姿が人の眼をひいた。

「どこの村の者か」

と、たずねたが、少女は答えない。

再びたずねると、少女は首をかしげて、

「なんちゅうか、忘れやした」

と答えた。

「姓名は？」

と問うと、同じように、

「忘れやした」

と言うだけだった。

眼は焦点も定まらぬようにうつろで、この少女のように精神的な打撃を受けて記憶を失った者は各町村にあふれていた。また津波の恐怖で発狂した者も多く、生涯を狂者として過した者もいる。

一家全滅した家は、数知れなかった。

顔見知りの者同士が会った折、

「あなたの家族はどうでした」

と、挨拶代りに問う。

その折に、十人家族のうち二人か三人が死亡したときくと、

「それは、よかった。おめでたいことだ」

と、祝いの言葉を返すのが常であった。

幸い死をまぬがれ傷も負わなかった者たちの中にも、日がたつにしたがって体の故障を訴える者が多くなった。逃げる途中なにかにぶつかったりした衝撃が、手足や首の関節に症状となってあらわれ、高熱を発する得体の知れぬ病気で倒れる者が続出した。

挿話

津波に襲われた人々の間には、さまざまなエピソードがある。それを村落別に列記してみたい。

宮城県牡鹿《おしか》郡女川《おながわ》村

平塚トリという七十四歳の一人住いの女性がいた。トリは、体も頑健で若い男たちの洗濯仕事などを引き受けて生活の資としていた。

津波の襲来した日は、夕方から雨が降り出したので早目に戸を閉め寝床に入った。その時大砲を発射するような音響が二発つづいて海の方からきこえたので、雷鳴にちがいないと思った。トリは生れつき雷を恐れていたので、ふとんの上に起き上って念仏を唱えはじめた。その時、家の外で豪雨のふりかかるような音がしたので思わず立上った瞬間、海水が雨戸を破って流入し、家の中はたちまち海水に満ちた。

トリは、水の中に身を没したので全身の力をふりしぼり鴨居に飛びつき、必死になって水にさらわれまいと努めた。が、海水は壁を打ちぬき、トリの体を押し流した。トリの死後、家の鴨居をしらべてみると、爪の痕が生々しく残っていた。

また六十歳の木村トラという女性は、突然流れこんできた海水に驚いて十歳と五歳の孫を首にかじりつかせ鴨居にとびついた。水は見る間に上昇して頤《あご》にまで達した。

これまでと観念した時、家が浮き上って流れ出した。沖にさらわれれば一命はなかったのだが、幸いにも家が石づくりの井戸の台にひっかかって止った。そして、水は猛烈な勢いで干いていったので、トラは、孫をかかえると家をとび出し、屈強な男子でも上ることのできない背後の絶壁をよじのぼって死をまぬがれた。

同郡雄勝村

雄勝村には集治監（刑務所）があって、囚人一九五名が中村欣一看守長以下三四名の看守のもとに収容されていた。

津波は、この集治監の建物も襲い、看守と囚人を押し流した。所長以下看守たちは、囚人を解放し翌十六日天雄寺という寺に集めたが、生き残った囚人はわずかに三一名で、その他三名の囚人が災害にまぎれて逃走、翌日になって逮捕された。

また朝田勝太郎、浅山兵太郎ほか三名の囚人は、津波の中を辛うじて脱出したが、溺れて死に瀕している者の救助に尽力した。
雄勝集治監から収容所潰滅の報がただちに宮城集治監に電報でつたえられ、さらに同監小泉典獄から板垣内務大臣宛に、左記のような被害報告が津波の翌々日にあたる六月十七日付で打電されている。

本監雄勝浜出役所、大海嘯《おおつなみ》ノ為メ流出ノ儀、電報ヲ以テ昨十六日トリアエズ上申致シ置キ、本官タダチニ現場へ出張、実地見聞ノ上取調ベタル顚末左ノ如シ。
一、同所へ出役セシメ置キタル囚徒百九十五名、看守三十四名ナリ。
一、出役所ハ、湾ヲ前ニ控エ、殊ニ合宿所ノ位置ハ最モ附近ニ在リシ為メニ、激浪ノ真向ニ蔽ワルル処トナリ、轟然凄マジキ鳴動ヲ発スルヤ当夜休憩スル所ノ看守十六名只事ニアラズト各々糾合シ戸外ニ出デ、上官ノ指揮命令ニ従事スル途端、激浪怒濤ノ間ニ捲キ込マルル所トナリ、其内八名ハ、辛ウジテ万死ニ一生ヲ得タルモ、他ハ生死不明。内一名ノ死体ハ、翌朝ニ至リ出役所ヨリ一丁程高所ノ叢ノ中ヨリ発見セリ。
一、監房ニ於テハ、宿直看守鳴動ヲ聞クト同時ニ、一人ガ大海嘯来レリト報ズルヤ、激浪襲侵、板塀ヲ押倒シ、タチドコロニ監房ノ中ニ六尺以上（二メートル）汎濫シタルヲ以テ、囚人ハ角格子ニヨジ登リ救助ヲ求ムルアリシガ、看守ハ必死ヲ極メ、辛ウジテ監房ノ扉ヲ敷石ノ大ナル物ニテ打チコワシ、水勢ヤヤ緩慢ニ赴クノ機ヲ見、悉《ことごと》ク囚徒ヲ解放セリ。

一、解放シタル囚徒ハ、殊勝ニモ看守長住居ノ近傍ニ蟻集シ、ツイデ取敢《とりあ》エズ同所山腹ニアル最高所ナル寺院天雄寺ニ避難セシム。但シ死亡セシ七名ノ内二名ハ死体発見セシム、他ハ今ニ至ルモ生死不明。（以下略）

本吉郡相川村

津波の波浪は、村の中を流れる渓流に沿って三キロ奥の上流にまで駈けのぼり、その附近にあった多数の太い桑の樹を根こそぎにし、折り倒していた。

また海岸近くに残った大樹の梢には、昆布等の海草がひっかかっていて、いかに津波の高さが常識を逸したものであったかをしめしていた。家屋の倒壊は甚しく、水際には破壊された家屋の残骸が壁のようにつらなっていた。

同郡白浜村

人口九九人の同村の生存者は、わずかに三名のみであった。

同郡唐桑《からくわ》村

この村は、宮城県北部の中で最も激しい被害を受けた。押し寄せた津波は高さ二〇メートルに達し、人をさらい家屋を破壊した。

助かった者の中には、奇妙な体験をした者が多いが、佐藤栄四郎の妻某女は、入浴中であったので、風呂桶に入ったまま激浪とともに七〇〇メートルほど奥の谷間に運ばれた。そこで桶は倒れたが、海水も干いたので無傷のまま助け出された。

また田村芳之助という男は、流れこんできた水に全身を没し、もはやこれまでと死を覚悟した。

と、低い屋根の上方で人の叫ぶ声がきこえる。芳之助は、少しでも高い場所へ移れば助かるかも知れないと気づき、手をのばして屋根を突き破った。すると、その空間から人の手がさしのべられたので、その手にすがりついて屋根に這《は》い上り、水の中で喘《あえ》いでいる妻をも引き上げて死から脱出することができた。

ところが屋根にいた男は、意外にもその夜芳之助の家で津波のくる直前まで一緒に杯を交し泥酔していた友人であった。芳之助もその妻もその友人がいつ、どのようにして屋根に這い上ったのか知らなかったし、その友人すらも泥酔していてその間の事情が思い出せなかったという。

〈唐桑村にて死人さかさまに田中に立つの図〉

〈広田村の海中漁網をおろして五十余人の死体を揚げるの図〉
(『風俗画報　大海嘯被害録上巻』より)

岩手県

気仙郡広田村

津波の激しさをしめす光景は随所にみられたが、この村でも背後の裏山の山腹に帆船が、また二〇メートルほどの高地にカツオ船が打ちあげられているのが人々の眼をひいた。

またこの村では海上に押し流された死体が多かったので、村民たちは死体をさがし出すため船を出して網を下した。そして、陸地から網を曳いたが、驚いたことに五〇体以上の死体がかかった。それらは腐爛してふくれ上り、網は突っぱり今にも破れそうになった。それに死体があまりにも重いので鉤《かぎ》つきの竿で死体の半数を網からひき出し、二度に分けてようやく引き上げることができた。

南閉伊郡釜石町

釜石町では、五、〇〇〇名という三陸沿岸最大の犠牲者を生み、無数の人家とともに警察署、郵便局も流失した。

津波の勢いは激烈をきわめ、辛うじて死からのがれ出た人々の挿話も多い。

或る老女は、津波来襲後、屋根の上に這い上ったが、屋根が大きく傾斜しつかまっていられなくなったため、浮かんでいる大きな材木にとりついた。しかし、その材木も激

〈釜石町海嘯被害後の図〉

〈溺死者追弔法会の図〉

（『風俗画報　大海嘯被害録下巻』より）

浪にもまれて絶え間なく回転するので、やむなく流れてきた大きな手水鉢《ちょうずばち》のような容器の中に移った。

老女は、鉢とともに波の中を流されていったが、そのうちに大波がきてくつがえりそうになり、流れてきた大きな材木にとりすがった。幸いこの材木の中央部には穴があいていたので、その穴の中に両腕を突っこんで波にもまれていた。

しばらくして、足にふれた物があったので足先でさぐるとそれは地面であった。老女は、大いに喜んで土の上に坐り夜をすごした。

やがて夜が明け、あたりを見廻すと、意外にもそれは裏山の頂上であった。

またこの町では海上に漂流して助かった人が目立つが、当町の浅野音松という男も津波にさらわれた後、奇蹟的にも流木にとりすがって三日後に海岸へ這い上った。そのほかにも、釜石町から一〇キロほど沖合にある三貫島という小島に百五十余名が泳ぎついているのが発見され、救出されている。

東閉伊郡船越《ふなこし》村

当村は船越、田ノ浜、大浦の三字《あざ》で成り、その被害は惨憺たるものがあった。田ノ浜では全戸数二三六戸がことごとく流失し、人口一、三〇〇名中、九四五名が死亡するという惨状を呈し、救援もおくれて死臭は全村をおおった。

この村の前面には船越湾があり、隣接した山田湾との間に小さな半島が突き出ているが、津波は、四〇メートル余の波高で村を襲うと同時に、半島の基部を乗りこえて山田湾にも注いだ。そのため半島の基部は海となって、さながら孤島のような形状をしめした。

同郡田老《たろう》村

同村を襲った津波の被害は、三陸沿岸中最も激甚をきわめたが、村民の一人が山上から津波襲来前後の光景を目撃したという記録が残されている。

その男は、沖合からの異様な音響をいぶかしんで海をみると、海水がすさまじい勢いで干き、七〇〇メートル近くも海底が露出するのをみた。その直後、四〇メートルほどの高さの黒い波濤が海岸に突進してきて、もやわれていた船や海岸に密集する家屋にのしかかったと述べている。

北閉伊郡普代《ふだい》村

当村の大字太田名部の被害は全滅状態で、四二戸中、四一戸が流失、生存者はわずかに一一名のみであった。この太田名部の住民の死体を村民たちが津波来襲の翌日探していると、赤ん坊の泣声がきこえる。村民があたりを探すと、意外にも一七メートルほどの大樹の枝に子供がひっかかって泣いていたという。それは、生後一年にもみたぬ嬰児で、その家族のただ一人の生き残りであった。

このようなエピソードは数限りないが、沖で漁をしていた漁師たちはどのように津波を経験したか。かれらは、海上にあったため、例外なく津波の被害を受けていない。

宮城県本吉郡志津川町の漁師の話

津波来襲の当日、かれは、他の漁師とともにマグロをとるため出漁していた。

午後八時頃、海上でドドーンという大砲を発射するような音をきいた。何事かと思い、音のした方向をみると、風もないのに海水が山のように高くもり上っている。海中に一大異変が生じたらしいと気づいた漁師たちは、恐怖におそわれて網を急いであげ帰航の準備をはじめた。

そのうちに、「あッ、あッ」という同僚の声を耳にして海上に眼を向けると、峰のようにふくれ上っていた海水が、不意に中央から二つに割れ海岸方向にむかってすさまじい速度で走りはじめるのがみえた。

いよいよ恐れおののいた漁師たちの耳に、波浪の海岸に激突する轟音がきこえ、しばらくして海岸を篝火《かがりび》や提灯《ちょうちん》の右往左往する光が認められた。かれらは、陸上が大混乱におちいっていることを知り、妻子や家族の安否を気づかって口もきけないような不安におそわれた。

漁師たちは、その時になってはじめて津波が襲来したことに気づき、海岸にむかって船を急がせた。が、海岸に近づくにつれて波浪はますます激しく顚覆する危険も増したので、その夜は海上にとどまり、翌日波の静まるのを待って海岸にたどりついた。

また同町大字清水の佐藤助七という二十六歳の漁師は、津波のあった六月十五日午後六時頃、流し網を舟に載せて出漁した。そして、沖合四里ほどの所で網をおろしてマグロ漁をはじめたが、いつもと異なって漁がない。

それに潮の状態もなんとなく不安定なので、不審に思いながら沖で一夜をすごした。夜が明けた時、助七は海面に人家の屋根や鍋釜、戸板、家具などがおびただしく流れているのに気づいた。かれは、驚いて網をあげ海岸に引き返したが、すでに村落は荒涼とした浜と化していた。

家人のことが心配になって浜を走ったが、家は完全に破壊され、養父信之助ほか六人の家族も一人残らず死亡していた。

かれは、虚脱状態におちいってその場に坐ったまま身を動かそうともしなかったが、警官等になぐさめられてようやく落着きをとりもどし、家屋の取片付けにしたがうようになった。

被災後の三陸沿岸一帯は、警察力も失われて一種の無法地帯と化していた。それに被災者たちは飢えに苦しみ、衣服も家財も失った者ばかりであったので、至る所に盗難さわぎも起った。山麓に打ち上げられたタンス等を見出すと、人々は争ってその中の衣類や金銭をかすめとる。窃取を専門にした者も各村落に二、三名はいて、被災後それらの金銭や物品で富裕になる者すらいた。

しかし、一般的に人々は、無惨な貧窮の中につき落された。岩手県下の漁船の九〇パーセントは津波によって流失し、漁具もほとんどが失われ、漁民は仕事を再開する手がかりも得られなかった。

津波によって大打撃を受けた三陸沿岸一帯の村落の生存者は、再び津波が来襲せぬかとおびえつづけていた。

その後、津波かと錯覚して大混乱を起した事件は、各村落に起った。

南閉伊郡の或る村落では、六月二十一日に八歳の男子が圧死するという騒動があった。

その日の午前十一時五十分、突然村落の者はドドーンという音響を耳にした。それは、村落の家屋復旧のため裏山に登っていた住民が樹木を切り倒した音だったのだが、六月十五日夜津波来襲直前に沖合からきこえてきた音響と似ていたので、人々は、

「津波だ、津波だ」

〈志津川の人民汽笛を聞て騒乱するの図〉

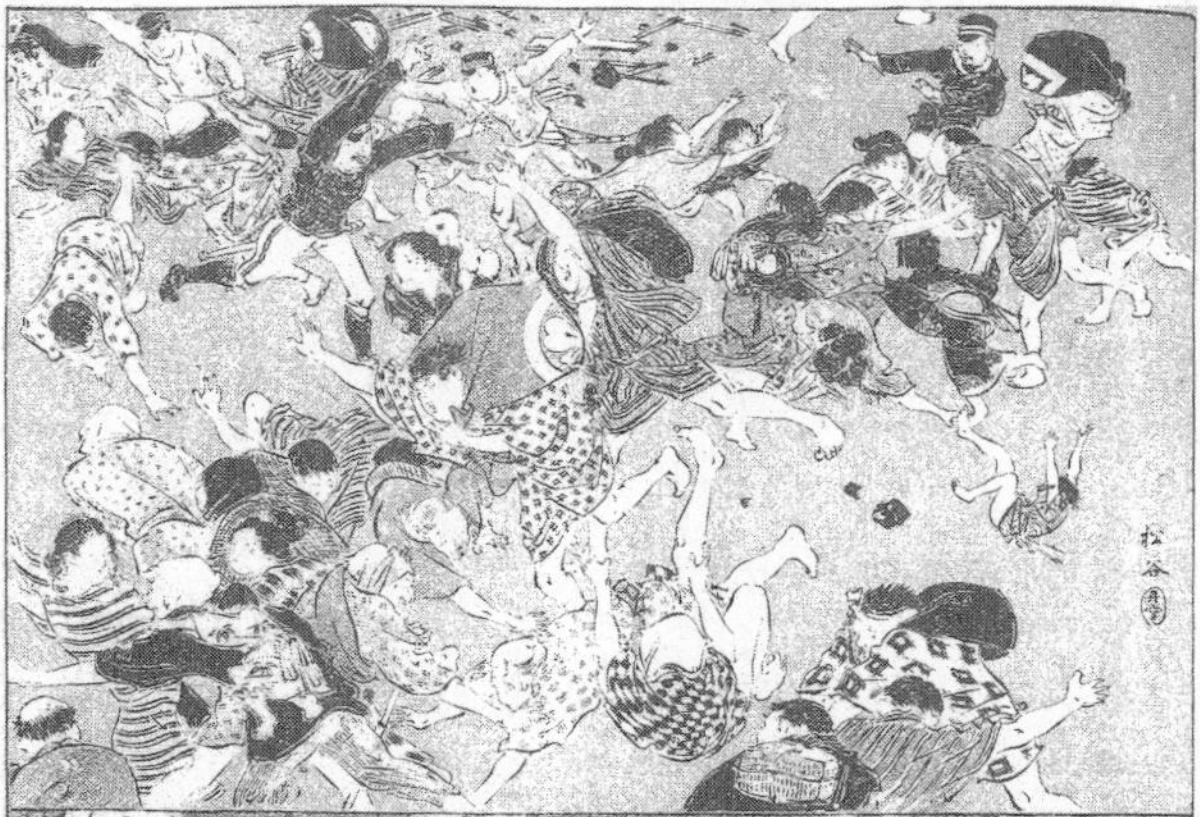

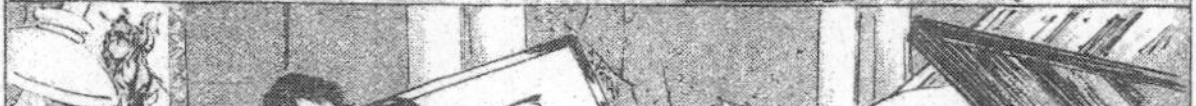

〈釜石の永澤某遭難の図〉
（『風俗画報　大海嘯被害録下巻』より）

と、叫んでわれ先にと裏山へ走った。八歳の男子は、その折に人波にもまれて顚倒し圧死したのだが、巡査の一人が人波を押しのけていち早く山へ逃げのぼったことが、職務を忘れた行為として非難されたりした。

宮城県本吉郡志津川町でも、同じような騒ぎが起っている。

六月二十一日午前九時頃、突然、

「津波が来た、津波が来た」

という叫び声が、多くの家々から一斉に起った。

町内には悲鳴が交錯し、人々は肉親の名を呼び手をひき合って裏山へと駈け上った。また郡役所に詰めていた役人たちも、その叫び声に総立ちとなって山へと走った。

たちまち町の中は無人となり、裏山には顔色を失った人々がひしめき合った。

かれらは、海を見下した。が、海面はおだやかで津波の来襲する気配はない。かれらは、いぶかしそうに顔を見合わせた。

しばらくすると、町内の火の見櫓《やぐら》に一人の巡査がのぼり、

「津波ではない。安心しろ」

と、何度も叫ぶのがきこえた。

人々は、ようやく安心して山を下りはじめたが、津波の恐怖におびえて山にとどまる者も多かった。

この騒ぎの原因は、やがてあきらかになった。たまたま騒動の起きた時刻に、同町沖合に汽船が碇泊《ていはく》していて、汽缶の蒸気を放出した。その音が、六月十五日夜の津波来襲前にきこえた鳴動と似ていたので、だれの口からともなく、

「津波が来た」

という叫びになったのだ。

これに類した話は数限りなくあり、人々は、地震がある度に走り、音におびえて高みへと駈けのぼった。

津波に対する恐怖以外にも、死体の散乱する海岸一帯は無気味な地域として人々に恐れられた。

死体の多くは、芥や土砂の中に埋れていた。生き残った住民や他の地方から応援に乗りこんできた作業員たちの手で収容されていたが、掘り起しても死体の発見されない場合が多い。

そのうちに経験もつみ重ねられて、死体の埋れている個所を的確に探し出せるようになった。死体からは、脂肪分がにじみ出ているので、それに着目した作業員たちは地上に一面に水を流す。そして、ぎらぎらと油の湧く個所があるとその部分を掘り起し、埋没した死体を発見できるようになったのだ。

海岸には、連日のように死体が漂着した。人肉を好むのか、カゼという魚が死体の皮

膚一面に吸い着き、死体を動かすとそれらの魚が一斉にはねた。

また野犬と化した犬が、飢えにかられて夜昼となく死体を食い荒してまわった。住民が犬を追いはらおうとすると、逆に歯をむき出して飛びかかってくる。犬は集団化し危険も増す一方なので、野犬退治が各所でおこなわれた。

このような陰惨な世界と化していたので、人々は、日が没すると外を出歩くことはしなかった。海岸一面に死霊がさまよっているという噂もひろまり、夜間にわずか数百メートルほどの近い場所に使いを出そうとしても応ずる者はなく、数十倍の報酬をはらい、しかも、三、四名連れ立って行くことを条件としなければならなかった。

このような状態の中で、復旧作業は徐々に進められたが、漁船、漁具を失った各漁村では、その後三年間漁業も休止され、貧困の中で呻吟《しんぎん》した。

余　波

津波は海底地震、火山爆発などによって起るが、明治二十九年の津波は海底地震によるものと断定された。

宮古測候所は、津波発生前後に地震が相ついでいることを記録していた。

その記録によると、六月十五日午後七時三十二分三十秒、同五十三分三十秒、八時二分三十五秒、同二十三分十五秒、同三十三分十秒、同五十九分、九時三十四分五秒、同五十分十秒、十時三十二分十秒、十一時二十二分、同三十三分十五秒と、計十一回の地震があったことがあきらかにされている。

震源地はその後の調査で、宮古測候所から東南方の東経一四五度、北緯三九度の位置で、海底に発した陥没が原因と判定された。

それによって起った大津波は三陸沿岸を徹底的に破壊したが、他地方にもかなりの影響を及ぼしている。

日本本土では、北は北海道から南は関東地方にわたる海岸線でその余波を受けているが、まず北海道の状況をみてみる。

函館……六月十四日夜から地震が相ついでいたが、三陸海岸に津波の襲来があってから二時間ほどたった六月十五日午後十時頃、住吉、大森、若松海岸の各町村の海岸で、海水が徐々に上昇するのが認められた。そして、翌十六日の午前〇時頃から午前一時頃にかけて、波打ち際から八〇メートルほど陸地に海水が侵入するようになり、津波来襲の警報も出て、住民たちは、深夜恐れおののいて高地へと避難した。

やがて夜明けも近い午前四時頃になって、海水はようやく減少しはじめた。

室蘭……六月十五日の夜、津波が押し寄せ、翌日午前四時頃、高浪が桟橋と突堤を洗った。

茂寄……十勝国にあるこの地では、六月十五日午後八時頃、海上沖合に遠雷のとどろくような音をきいた。と同時に、十五分間にわたって大地がゆれた。午後十一時の干潮時には海水が異常な速度でひき、通常の海面より十数メートルも低下した。そのため海底は露出したが、その直後に津波が襲来した。

その他の地域でも三陸津波の余波が記録されている。

千葉県銚子港……六月十五日午後四時頃、微震。その後港内の水位が約一メートル上昇、沖合の波濤はたかまった。金華山附近の験潮器は、三メートル近くの水位の異常上昇を記録した。

小笠原諸島………六月十六日午前四時頃、父島の二見港内の海面に異常な乱れが起り、同五時頃から水位が急に上り、その上海水の進退も激しく、そのため父島では緊急警戒を発して住民を避難させた。その海水の無気味な動きで、生簀《いけす》に入れられていた海亀七頭と、そのほかにカヌー船一艘が沖にさらわれた。

弟島でも激浪が押し寄せ、母島にも同様の現象がみられた。母島の沖村港では、栈橋が板二、三枚を残すのみで流失、北村港では人家近くまで波浪が押し寄せた。

ハワイ諸島………六月十六日早朝から海水が上昇し、十四時間にわたって計十四回の小津波が認められた。

ホノルル北西の位置にあるカウアイ島でも同様の津波が発生し、海水が急激に干いたのち激浪が押し寄せて、一〇〇メートルにわたって陸地が波浪に洗われた。

この折のことを、同島カパー港に碇泊中のアメリカ商船「ジェームス・マキー」号の船長が、「コマーシャル・アドバタイザー」という新聞に寄稿している。

六月十五日午前七時三十分頃（ハワイ時間）海面がにわかに激しく騒ぎはじめた。それに気づいた船長は、津波発生を直感した。

かれは、津波からのがれるため海岸から少しでも沖合へ出るべきだと判断し、緊急避難命令を発した。が、たまたま同船所属の短艇が二艘、石炭を積んで埠頭に行っていたので出港もできない。

双眼鏡をのぞくと、短艇は石炭を埠頭に陸揚げする寸前で、しかも奇怪な激浪を受けて異様な動きをしめしている。

そのうちに短艇は二艘とも砂地に押し上げられ、海水のあおりで顚覆しかけた。双眼鏡の中では水夫たちが、波浪にもまれながら必死に短艇のくつがえるのを防いでいる姿が望見された。

その頃、本船にも危険が迫っていた。海水の急激な減少で、船が露出した浅瀬に乗り上げてしまったのだ。

船長は、災害からのがれようと声を嗄《か》らして船員を督励し、そのうちに短艇も辛うじて本船にもどってきたので沖合への移動を試みた。が、その頃には海上の荒れが一層増し、船は大きく左右に動揺した。そして、錨索二条が音を立てて切断し、船長をはじめ船員たちの恐怖はつのった。残された錨索が切断されてしまえば、船は激浪に流されたちまち暗礁に乗り上げて大破し、乗員も死にさらされるにちがいなかった。

船長以下船員たちは、死を覚悟しながらも浅瀬からの離脱と沖合への避難につとめ、約一時間十分後、ようやく脱出に成功した。気丈夫な水夫たちも、力のぬけたように

甲板に腰を落し、死地から脱した喜びで肩を抱き合って嗚咽した。（以下略）

マキー号の碇泊していた位置は、水深四〇メートル、船の吃水は四メートルであったが、波の干いた時船底はしばしば海底に接触した。それだけでも、海水の減少がいかに甚しかったかがわかる。

カウアイ島の古老は、このような珍しい異変は見聞したことはないと述べ、島民は戦乱その他の起る前兆にちがいないと恐れおののいた。

津波の歴史

一七五五年十一月のリスボン大地震によって発生した大津波、一八一二年フランスのマルセーユを襲った津波がそれぞれ歴史的にも記録されているが、ことに一八八三年のジャバ島附近のクラカトウ島火山大爆発によって起った大津波は、三六、〇〇〇名の人命をうばうという世界最大の惨事であった。

また一九五八年七月にアラスカのリツヤ湾を襲った津波は史上最高のもので、五〇〇メートルの高さにまで達したという。

日本を襲う津波は多く、しかも規模が大きい。津波被害国と称されるのもやむを得ないことなのだ。

主なものとしては、明和八年（一七七一年）四月二十四日、地震津波が沖縄南方の石垣島に来襲、島民一七、〇〇〇名のうち八、五〇〇名を死者と化した。津波の高さは八五メートルあったといわれている。

寛政四年（一七九二年）には、火山噴火にともなう津波が島原に来襲、死者は、一五、〇〇〇名を数えた。

安政元年（一八五四年）、房総半島から九州にかけて大津波が発生、死者は三、〇〇〇名に及び、大正十二年（一九二三年）には関東地方をおそった大地震による津波が相模湾沿岸に被害をあたえている。また昭和十九年（一九四四年）、同二十一年にも地震による大津波が南近畿地方をおそい、それぞれ、一、〇〇〇名、一、三〇〇名の死者を出した。

日本では、ことに三陸沿岸に津波の来襲回数が多い。それは、海岸特有の地形によるものである。

北は青森県の八戸《はちのへ》市東方の鮫岬から南は宮城県牡鹿半島にわたる三陸沿岸は、リアス式海岸として、日本でも最も複雑な切りこみのおびただしい海岸線として知られている。その特有な地形を形づくっている原因は、東北地方の背骨ともいうべき北上《きたかみ》山脈が三陸海岸にせり出しているからだ。海岸線に沿って歩いてみると、山脈がそのまま不意に海に落ちこんでいることがよくわかる。山脈から触手のようにのびた支脈が半島になって海上に突き出し、巨大な自然の斧《おの》で切断されたような大断崖が随所に屹立して海と対している。

海岸には山肌がせまり、鋭く入りこんだ湾の奥まった個所に村落がいとなまれている。

そのわずかな浜に軒をつらねる家々は、辛うじて海岸にしがみついているようにみえる。

三陸沿岸を襲う津波は、例外なく地震と密接な関係をもつ。沖合は世界有数の海底地震多発地帯で、しかも深海であるため、地震によって発生したエネルギーは衰えずそのまま海水に伝達する。そして、大陸棚の上をなんの抵抗もなく伝って海岸線へとむかう。三陸沿岸の鋸の歯状に入りこんだ湾は、V字形をなして太平洋にむいている。このような湾の常として、海底は湾口から奥に入るにしたがって急に浅くなっている。巨大なエネルギーを秘めた海水が、湾口から入りこむと、奥に進むにつれて急速に海水はふくれ上り、すさまじい大津波となる。つまり三陸沿岸は、津波におそわれる条件が地形的に十分そなわっているのだ。

三陸沿岸を襲った津波は、数知れない。その主だったものをひろうと左記のようになる。

(1) 貞観十一年五月二十六日（西暦八六九年七月十三日）、大地震によって死者多数を出し、家屋の倒壊も甚しかった。と同時に津波が来襲、死者千余名に及んだ。（「三代実録」による）

(2) 天正十三年（一五八五年）五月十四日、津波来襲。（但し本吉郡戸倉村口碑に刻まれたものによると、同年十一月二十九日、畿内、東海、東山、北陸大地震の後に津波来襲の記録があるが、これと同一のものかどうかは明らかではない）

(3)　慶長十六年(一六一一年)十月二十八日、地震の後大津波。伊達領内で死者一、七八三名。

(4)　慶長十六年十一月十三日大地震の後、津波が三度来襲。伊達領内の溺死者五、〇〇〇名を数える。(これは「駿有政事録」によるが、(3)と同一のものか不明)

(5)　元和二年(一六一六年)七月二十八日、強震後、大津波あり。

(6)　慶安四年(一六五一年)、宮城県下に津波来襲。

(7)　延宝四年(一六七六年)十月、三陸海岸一帯に津波。人畜多数死亡し、家屋の流失も大。(弘賢筆記泰平年表による)

(8)　延宝五年三月十二日(一六七七年四月十三日)、三陸海岸岩手県下に数十回の地震後、津波によって宮古、鍬ケ崎、大槌浦等で家屋が流失。

(9)　貞享四年(一六八七年九月十七日)、塩釜をはじめ宮城県下沿岸に津波来襲。

(10)　元禄二年(一六八九年)、三陸沿岸に津波あり。

(11)　元禄九年(一六九六年)十一月一日、宮城県石巻《いしのまき》の河口に津波襲来、船三〇〇隻をさらい、溺死者多数を出した。

(12)　享保年間(一七一六—一七三六年)に津波あり。田畑は海水におかされたが、人畜に被害なし。

(13)　宝暦元年(一七五一年)四月二十六日、高田大震災の余波として、岩手県下に津波。

⒁ 天明年間（一七八一―一七八九年）に津波来襲。

⒂ 天保六年（一八三五年）、仙台地震にともなう津波によって人家数百が流失、死者多数。

⒃ 安政三年（一八五六年）七月二十三日午後一時頃、北海道南東部に強震。北海道から三陸沿岸にわたって大規模な津波あり。

⒄ 明治元年（一八六八年）六月、宮城県本吉郡地方に津波。

⒅ 明治二十七年（一八九四年）三月二十二日午後八時二十分頃、岩手県沿岸に小津波。これにつづいて、明治二十九年六月十五日の大津波が発生したのである。

二　昭和八年の津波

津波・海嘯・よだ

私は、三陸海岸が好きで何度か歩いている。

北は岩手県久慈《くじ》から南は宮城県女川《おながわ》あたりまで、海岸づたいにバスに乗ったりトラックに乗せてもらったり、また村落づたいに歩いたりした。

私を魅する原因は、三陸地方の海が人間の生活と密接な関係をもって存在しているように思えるからである。観光業者の入りこんだ海岸の海は、観光客の眼を楽しませることはあっても、すでにその土地の人々とは無縁のものとなっている。海は、単なる見世物となっていて、土地の人々の生活の匂いが感じられない。

また都会や工業地帯の海は、ただそこに塩分をふくんだ水がたたえられているというだけにすぎない。海の輝きもなく、それらは汚水の流れこむ貯水場でしかない。

それらにくらべると、三陸沿岸の海は土地の人々のためにある。海は生活の場であり、人々は海と真剣に向い合っている。

海は、人々に多くの恵みをあたえてくれると同時に、人々の生命をおびやかす苛酷な試練をも課す。海は大自然の常として、人間を豊かにする反面、容赦なく死をも強《し》いる。

岩手県の三陸沿岸を歩く度に、私は、海らしい海をみる。屹立《きつりつ》した断崖、その下に深々と海の色をたたえた淵。海岸線に軒をつらねる潮風にさらされたような漁師の家々。それらは、私の眼にまぎれもない海の光景として映じるのだ。

三陸沿岸を旅する度に、私は、海にむかって立つ異様なほどの厚さと長さをもつ鉄筋コンクリートの堤防に眼をみはる。三陸沿岸が過去に何度も津波の被害を受けているということはいつからともなく知っていたし、堤防が津波を防ぐためのものだということにも気づいていた。が、その姿は一言にして言えば大袈裟《おおげさ》すぎるという印象を受ける。

或る海辺に小さな村落があった。戸数も少なく、人影もまばらだ。が、その村落の人家は、津波防止の堤防にかこまれている。防潮堤は、呆れるほど厚く堅牢そうにみえた。見すぼらしい村落の家並に比して、それは不釣合なほど豪壮な構築物だった。

私は、その対比に違和感すらいだいたが、同時にそれほどの防潮堤を必要としなければならない海の恐しさに背筋の凍りつくのを感じた。

私が三陸津波について知りたいと思うようになったのは、その防潮堤の異様な印象に触発されたからであった。そして、明治二十九年と昭和八年に津波史上有数な大津波があったことも知るようになった。

私は、資料を出来るだけ集め、三陸沿岸へとむかった。そして体験者の話をきいてまわるうちに、津波の恐しさが私の胸にも実感となって迫った。

そうした調査をつづけている間に、私は、「よだ」という言葉にしばしばぶつかった。

津波という言葉は、新造語である。津とは港のことであって、港をおそう高波という意である。たしかに沖合では津波の被害を受けることはなく、津波は港——陸地をおそうものなのである。

明治二十九年の津波来襲時は、津波の代りに「海嘯」という言葉がつかわれ、カイショウ又はツナミと呼ばれている。嘯（うそぶく）という言葉が使用されているのは、津波の押し寄せる折の海の轟きを表現しようとしたものなのだ。

私は、三陸沿岸特有の「津波」に代る地方語があるにちがいないと思った。それが、「よだ」という言葉であった。

当時の体験談を記録したものの中には、津波が来たという言葉の代りに、

「よだが来た！」

という表現が数多く残されている。

このよだという言葉について、元宮古測候所長の二宮三郎という人が、田老町役場総務課発行の『津波と防災』というパンフレット風の小雑誌の中に一文を寄せて次のようなことを述べている。

昭和三十五年五月、チリ地震津波があった翌日、私は宮古湾の奥で津波の実地踏査を行なった。

その時或る老漁師に津波の来襲した状況を質問すると、

「津波じゃねえ、あれはよだのでっけえやつだ」

と答えたので、

「よだと津波は違うものですか」

と聞くと、

「よだってのは、地震もなく、海面がふくれ上って、のっこ、のっこ、のっこと海水がやって来てよ、引き潮の時がおっかねえもんだ」

と答えた。

つまりよだは津波の一種類をあらわす言葉で津波と同義語ではない、と二宮氏は説明しているのである。

このよだという言葉の意味について、私は岩手県田老町総務課の吉水清人氏の意見もきいたが、氏も二宮三郎氏の説に賛同しているようであった。

しかし、それに対して異説をとなえる人もいる。それは、明治二十九年の大津波を体験した岩手県下閉伊郡田野畑村に住む早野幸太郎氏であった。

私が、よだについて質問すると、氏はためらうこともなく、

「よだは、津波と同じ言葉だ」

と答えた。

「しかし、よだというのは地震を体に感知しないのに起る津波のことだという人がいますが……」

「いや、そんなことは決してない。明治二十九年前までは、三陸の土地の者は津波をよだと言っていた。津波という言葉が使われるようになったのは、明治二十九年の大津波の時からだ。よだは津波と同じ言葉だ」

氏は、眼に明るい微笑をうかべてきっぱりと言った。

説が二つに分れたわけだが、その後よく調査してみた結果、早野氏の説が正しいと思うようになった。

明治二十九年の津波は、津波来襲前に無気味な地震がつづいた。それは十分体にも感じられる地震で、その後に津波がやってきた。

その折に住民たちは、

「津波が来た！」

とも言ったし、

「よだが来た！」

とも叫んだということは、当時の体験談の記録からもあきらかである。

もしもよだという言葉が地震のない津波のことをさすとしたら、

「よだが来た」

と叫ぶ者はいなかったはずだ。

明治二十九年以前に、地震の感知できなかった津波もたしかにあった。しかし、それは稀なことで、よだという言葉がそれほど人々の間で多用されるはずもない。海嘯《つなみ》又は津波は一般語ではあったろうが、三陸地方ではよだという方言でよばれていたにちがいないと解釈する方が自然に思える。

津波は、前兆はあるが、突然のように襲いかかってくる。よだという言葉のひびきには、その無気味さがよくにじみ出ているように思う。

波　高

津波の高さを測定することはむずかしい。
昭和八年の津波後、中央気象台技師国富信一氏は、それを測る手がかりとして三種の方法があると定義している。
第一の方法
海中に設置された験潮儀による方法で、この記録をしらべれば海面がどの程度上昇したかがわかる。しかし、津波は海岸に達した時異常なほどの高まりをみせるので、海面の上昇をそのまま津波の高さとするわけにはいかない。
つまり験潮儀による記録は、参考資料とはなっても、津波の高さを測定するのには不適当である。
第二の方法
津波来襲後、海岸に打ち上げられて残留している物体によって判定する方法である。

樹木の梢に海草がひっかかっていたり、海中の岩石が山の中腹まで運ばれていれば、海面からその位置までの高さをはかることによって、津波の高さを測定することができる。

しかし、それだけで津波の高さを測定することにも疑問がある。それは、場所によって津波の来襲の仕方が千差万別であるからである。

或る湾では、大きな波がうねるように押し寄せてきた。また或る湾では、暴風津波のようにゆっくりと来襲した。このような津波の寄せた場所では、岩石の運ばれた位置や崖に印された跡を調査すれば津波の高さをほとんど正確に測定することはできる。が、或る湾では、津波が急にせり上って海岸で一斉にくだけて村落の上から落下した。このような場合は、陸地に印された海水の痕よりも実際の津波の高さははるかに高いのである。

つまり、残留物の位置を参考に波高を測定することは、或る場所では正しい数値が出るが他の場所では不正確であるといえる。

第三の方法

海水が陸地に浸入した地域を海面と比較して津波の高さをはかる方法がある。が、これも平坦な土地と背後に山を背負うような場所では、大きな差がある。むろん前者の方が、海水は奥の方まで進んでゆく。

さらに海岸に河口のある場所では、浸水区域が一層奥の方まで延長している。海水は、川筋をすさまじい勢いでさかのぼって走る。一例をあげれば明治二十九年の大津波の来襲時に宮城県本吉郡相川村では、渓流をつたわって海から三キロ奥の地域まで海水が押し寄せた。そして、その近くの太い桑の樹を根こそぎにし、折り倒している。もしもその地域の高さを津波の高さとすれば、大変な数字となるのである。

このように三つの方法ともそれぞれに不備な性格をもっているが、それは津波の多様性をしめすもので、正確な波高をつかむことは至難である。

明治二十九年の津波の高さは、伊木常誠博士と宮城県土木課の手で算出され発表されているが、その数字は三つの方法を綜合勘案してはじきだされたものであった。

主だったものを拾うと、

宮城県桃生郡本吉歌津村中山……一〇・八メートル
　　　　　　　　同村石浜……一四・三メートル
岩手県気仙郡広田村根岬……一一・二メートル
　　　同郡綾里村白浜……二二・〇メートル
　　　同郡吉浜村吉浜……二四・四メートル
　　　同郡唐丹村小白浜……一六・七メートル

同村本郷……………………………………………一四・〇メートル
上閉伊郡大槌町吉里吉里…………………………一〇・七メートル
同町浪板…………………………………………一〇・七メートル
同町船越…………………………………………一〇・五メートル
下閉伊郡重茂村千雞北側…………………………一七・一メートル
同村姉吉…………………………………………一八・九メートル
同村重茂…………………………………………一一・〇メートル
同郡磯雞村……………………………………………一二・二メートル
同郡田老村田老……………………………………一四・六メートル
同郡小本村小本……………………………………一二・二メートル
同郡田野畑村羅賀…………………………………二三・九メートル
同村明戸…………………………………………一二・二メートル
同郡普代村太田名部………………………………一五・二メートル
九戸郡野田村玉川…………………………………一八・三メートル
同郡宇部村久喜……………………………………一二・二メートル
同村小袖…………………………………………一三・七メートル
同郡種市村八木……………………………………一〇・七メートル

等という数字が残されている。

しかし、この数字がそのまま津波の高さを正確に伝えるものとはかぎらない。たとえば、下閉伊郡田野畑村羅賀《らが》では、二二・九メートルという数字が算出されているが、前述したように羅賀に住む中村丹蔵氏の証言から考えると、津波の波高ははるかに高い。

丹蔵老の家は、海面から五〇メートルはある。津波の来襲と同時に、海水はその家にも激しい勢いで流れこんだ。羅賀は、楔をうちこんだようなV字形の狭い湾である。津波はその湾に乱入すると、すさまじい速度で高みへと駈けのぼったのだろう。その結果、丹蔵老の家にまで海水が達したのだろうが、このような場合、津波の高さはどのように判定すべきなのか。

羅賀以外の地域でも事情は同じで、津波の高さをしめす数値の測定は全くむずかしいことがよくわかる。

いずれにしても、明治二十九年六月十五日の三陸津波の科学的解明は十分ではなく、以上のような結果が残されているだけなのである。

前兆

明治二十九年の大津波の翌三十年二月二十日に、仙台地方の地震によって気仙沼《けせんぬま》海岸の海水が一メートル上昇した。

この折には、津波襲来を予想した住民は、われ先にと裏山へ逃げた。

大正に入ると、四年十一月一日三陸沖で地震があり、宮城県本吉郡の志津川湾に小津波が発生した。二十年前の大津波の記憶も生々しく残っていたので、その地域一帯にはかなりの混乱が起った。

その後、三陸沿岸に津波は絶えた。

昭和に入ると、国内には重苦しい空気が日増しにひろがっていった。

第一次世界大戦を中心とした好況の反動が一大経済恐慌となってあらわれ、各地で銀行のとりつけ騒ぎが起り、企業の倒産も相ついだ。

失業者は巷《ちまた》にあふれ、工場ではストライキが頻発し、労働運動が激化した。官憲の弾圧も増して社会不安はたかまるばかりだった。

また軍部の政治介入も強まり、昭和六年には満州事変が勃発、翌七年には陸海軍将校によって五・一五事件が起り、首相犬養毅が暗殺された。

工場で失職した労働者は農村に追い帰され、農村人口はふくれ上った。また農家の兼業の道も断たれ、さらに物価の低下はこれら農漁業者に痛烈な打撃となった。ことに東北の農村の受けた被害は大きく、その中でも痩せた農地にしがみつく岩手県下の状態は悲惨をきわめた。

私の手元にある書物には、岩手県青笹村の児童の写真が載っている。穀物も尽きて飢えた子供たちが、食事の代りに生の大根をかじっている姿が映し出されている。栄養失調で死亡したり、一家心中する者もあった。

さらに一家を飢えから救うため娼家への娘の身売りが相つぎ、深刻な社会問題となった。ひもじい思いをするより、たとえ肉体を男に弄《もてあそ》ばれても食物を口にできる方が幸せだと言う娘の声が注目を浴びたりした。その上、二年連続して冷害に襲われた東北の農村は、潰滅状態寸前にあった。

三陸沿岸の各村落は、農村地帯ほどではなかったが不況のあおりを受けて貧窮の中に身をひそませていた。依然として内陸部に通じる道路もなく、各村落は僻地としての生活を余儀なくされていた。

この三陸海岸に明治二十九年の津波につぐ大津波が来襲したのは、昭和八年三月三日であった。

その日の午前二時三十二分十四秒、中央気象台は強烈な地震をとらえた。それは、北は千島から北海道、東北地方、関東地方全域と中部地方、近畿地方にかけて人体にも知覚できるほどの大規模な地震であった。

震源地は、明治二十九年の大津波発生の原因となった地震と同じ岩手県釜石町東方約二〇〇キロの海底であった。いわゆる三陸沖地震多発地帯で、三陸沿岸の宮古、石巻と仙台の各測候所の地震計は、強震を記録した。

中央気象台では、震源がきわめて浅いことから三陸沿岸を中心にして津波襲来の恐れがあると判断し、仙台、石巻、宮古の各測候所と北海道、青森、岩手、宮城、福島、茨城等太平洋沿岸の各道県地方長官宛に警告を発した。

その予測通り地震後三十分ほどして各地に津波が襲来、ことに三陸沿岸に点在する各村落はまたも潰滅的打撃を受けた。

被害は、明治二十九年の津波襲来時と同じように岩手県が最大で、宮城県、青森県がそれについだ。

三県の被害を合計すると、死者二、九九五名、負傷者一、〇九六名、計四、〇九一名に達し、また家屋も流失四、八八五戸、倒壊二、二五六戸、浸水四、一四七戸、焼失二四九戸、計一一、五三七戸、また漁船も岩手県の五、八六〇艘をはじめとして計七、一二二艘が流失するという大惨事となった。

この大津波の来襲前には、明治二十九年の折と同じように各種の前兆ともいうべき異常現象がみられた。

その一つに井戸水の減少、渇水又は混濁があった。

宮城県

本吉郡大島村……それまでは降雨のない時期でも減少したことのなかった多くの井戸が、二月中旬から減水するという奇怪現象があった。そのため同村では採集した海苔《のり》を洗う井戸水の不足に困惑した。

同郡唐桑村欠浜……四季を通じ減水したことのなかった井戸がいちじるしく水位がさがり、渇水状態となった。

岩手県

気仙郡越喜来《おっきらい》村……当村尋常高等小学校校長小原永太郎氏は、津波来襲の二十日ほど以前から井戸水の減少に気づき、同村の高所にある六個所の井戸の水位を詳細に観測していた。その結果は、次のようなものであった。

(1)　竜昌寺内の井戸

この井戸は、地上から水面まで約三メートルの深さで、たたえられた水の深さは一メートル余であった。この井戸は、明治二十九年の大津波の直前に渇水したが、今回も津波の二十日前から水が完全に涸れ、井戸の底が露出してしまっていた。また同寺内の泉水も、同じように湧出が停止していた。

(2) 平田玉男氏宅の井戸

井戸の深さは地上から水面まで約五メートル、水深は二メートルであった。清澄な水であることで評判だったが、津波の三日前からいちじるしい混濁が認められた。

(3) 新山神社内の井戸

この井戸は、どのような豪雨があっても濁ることのないことで知られていた。ところが、津波来襲の五日前から目立って濁りはじめ、その上減水も甚しく遂には涸れてしまった。それが旧に復したのは、津波があってから五、六日たってからであった。

(4) 及川義雄氏宅の井戸

井戸の深さは六メートル。良質の水が出ていたが、三、四日前から濁りはじめ、水も涸れた。

(5) 熊谷与左衛門氏宅の井戸

井戸の深さ約四メートル。三日前から混濁した後渇水。

(6)　正源寺内の井戸
井戸の深さ二メートル。降雨もなかったのに二月中旬から甚しく混濁。

上閉伊郡釜石町………地震後、急激に井戸の水が減り、ほとんど涸れた状態となった。

下閉伊郡船越村………数日前から井戸の水がいちじるしく減少した。

同郡織笠村………地震後、村内のすべての井戸の水が半減した。

同郡大沢村………一部の井戸に減水が認められた。

また明治二十九年と同じように、沿岸各地で、例年にない大豊漁がみられた。ことに鰯の大群が群をなして海岸近くに殺到、各漁村は大漁に沸いた。三陸沿岸の鰯漁は、十一月一杯で終りその後の漁獲量は急に少なくなるはずなのに、年を越してからもさらに漁獲は激増するという異例さだった。

この現象について、後に中央気象台は、同年一月頃から続発していた地震の影響をうけて、鰯の群が沿岸方面に移動したものにちがいないと発表した。

また、岩手県下閉伊郡田野畑村島ノ越では、津波以前に波打ち際に大量の鮑《あわび》が打ち寄せられた。それは、海にいることに不安を感じて、磯に這い上ろうとしているようにもみえた。その他、鮑が大量に死んだり無数の海草類が海岸をうずめるほど漂着したり、海中に異変がひそかに起っていることをしめしていた。

明治二十九年の大津波の場合と同じように、津波襲来前に発光現象もみられた。津波来襲後、中央気象台では、台員を中心に各地域での発光現象について系統的な実地調査をおこなった。調査個所は二六六個所であったが、光を目撃した場所は意外に少なく一九個所にすぎなかった。

宮城県

小淵　津波来襲前、北東方に二、三回稲妻のような閃光を認む。

渡波　南西方の空に南から北へ稲妻状の光の走るのを目撃。

川渡　東北東の空にスパーク状の怪火。

雄勝　東方に稲妻状の閃光。

志津川　最初青い光がみえ、間もなく赤色に変じて尾を引き消える。

只越　海上に放電光のような怪火。

岩手県

大船渡　青い閃光を見る。

生形　青い光が数度発生。

千雞　一回ピカッと青白い光が海上にひらめいた。

重茂　発光現象三回。

青森県

三川目　放射状の怪火。
五川目　怪しげな閃光。
織笠　光をみる。
天ケ森　怪しげな光。
尾駮《おぶち》　稲妻状の光を確認。
平沼ケ浜　沖合に電光状の怪火発生し、やがて消える。
その他同様の光が三町村で確認された。
この現象については、中央気象台も鋭意探究につとめたが、結局原因不明として処理している。明治二十九年の折には、提灯のような怪火が津波発生時に各所でみられたが、昭和八年の場合には稲妻状の閃光が認められ、発生場所も一部にかぎられている。いずれにしてもそれらは、海上を浮游する発光性の微生物の異常発生ではないかと推定されたにとどまった。
また明治二十九年の折には、津波来襲前に沖合からドーン、ドーンという大砲の砲撃音に似た音響がしたが、昭和八年の場合にも同様の現象が数多く観測されている。
これについては、中央気象台、被災地附近の測候所員の実地踏査で、音響聴取状態が集計された。
宮城県

小積　沖合から砲声様の音三回聞ゆ。
小網倉　砲声様の音二回、津波の少し前にきく。
大原　津波襲来の直前、砲声様の音。さらに十五分後微声一回。
小淵　地震後、東方に砲声様の音三回。
十八成　地震後三十分してから、東方に砲撃状の音二回。
鮎川　地震後三十分してから、東方に砲声様の音。
大谷川　地震後二十五分してから、砲声様の音聞える。さらに十五分後微声。
女川　地震後、東方に汽車の驀走するような大音響。さらに北方に銃撃様の音二回。
雄勝　午前三時十分頃、東方にゴーッという大音響二回。
立浜　地震後、津波来襲直前にゴーッという怪音。
荒屋敷　地震直後、東方にゴーッという音響。
小泊　津波の五分前、沖合で砲声様の音二回。
大指　津波直前に砲声様の音。
小指　右に同じ。
志津川　地震直後、砲声殷々《いんいん》とひびく。
小泉大沢　地震後、東方に音響をきく。

前浜　地震の後二、三十分してから大音響をきく。さらに五分後微音。
尾崎・片浜・七半沢・台ノ沢・浪板・気仙沼　右に同じ。
小々汐　地震の後、音響をきく。
岩井崎　津浪の直前に、ダイナマイトのような爆発音が東方から聞えた。
鶴ケ浦　津波直前に爆発音。さらに五分後、微音。
梶の浦　地震の後二十分ほどして音響をきく。
宿　地震後二十分、爆発音。
小鯖　午前三時頃、ドンという爆発音。
安波山燈標　午前二時三十六分頃、音響をきく。
只越　津波前干き潮と共に爆音二回。後のものはやや小さかった。
唐桑大沢　地震後二十分して音響。
欠浜　地震の後八分してから東北東に砲声様の音をきく。その後五分してからやや小さな音響、さらに二十五分後大きな砲声音をきく。

岩手県
長部　地震後二十五分して音響。
高田　地震後二十分してから、南々東の方向で底力あるドンという音二回。
根崎　地震後二十分してから、東方で爆声。さらに八分後微音。

両替　地震後二十分してから、ダイナマイトのような爆発音。
泊港　地震後二十五分してから、東方にハッパのような爆発音。
唯出　地震後二十分してから、砲声様の音二回。
碁石　地震後十分から二十五分の間に爆音二回。
泊里　右に同じ。
細浦　地震の後二十五分して西方に音響。
大船渡　地震後三十分してから、東方に大きくないが強い音響をきく。
綾里　地震後二十分してから、東方にハッパのような爆音。
砂子浜　地震後二十分してから、砲声のようなドーンという音、東方に二、三回。
吉浜　地震後十五分してから、沖合に砲声のような音。
釜石　地震後十分してから、東方に底力ある遠雷のような音。
伝作鼻　地震後十分してから、砲声様の音一回。
湊　地震後三十分してから、遠雷のような音。

青森県
鮫　地震後二十五分してから、南東方に異常音をきく。
三川目　地震後十分してから、北方に砲声様の音。
四川目　地震中に砲声のような音。

五川目　地震後十分から二十分の間に、地響きのある砲声のような音。
淋代　地震後間もなく砲声音。
六川目　砲声をきく。
織笠　地震の後、ドーンという音が地中からひびいてくるように聞えた。
塩釜　地震後間もなく雷鳴のような音。
天ヶ森　地震の後、ドーンという音が聞えた。
尾駮　地震後十五分してから、砲声のような音。
平沼ケ浜　地震後、雷鳴のような音二回。
平沼　地震後十五分してから、ドーン、ドーンという音が聞えた。
木野部　午前三時半頃、砲声のような音。余韻があった。

これらの調査報告からみると、音響は砲声のようなドーンという音で、津波襲来前に起っている。二回、三回ときいた場所もあるが、反射音なのかも知れない。

この奇怪な音響がなにを意味するのか、それも専門学者の間でははっきりとした解答は得られなかった。

来襲

中央気象台で地震を記録したのは、午前二時三十二分十四秒であった。

三月三日といえば春の気配もわずかに感じられる頃だが、東北地方の三陸沿岸は積雪が大地をおおう厳寒の中にあった。中央気象台の記録によると、その時刻の気温は零下一〇度近くをしめしている。

天候は晴れで、夜空には凍《い》てついたような星が光っていた。

三陸沿岸を襲った地震は強烈で、人々は、夜の眠りをやぶられて飛び起きた。家屋は激しく震動し、時計はとまり棚の上にのせられていた物は音を立てて落下した。壁が剝落し障子の破れた家もあった。

また池や沼を厚くおおっていた氷や積った雪にも割れ目が生じ、町の水道管は破損した。

強震に驚いた人々は、家から走り出た。震動時間は五分から十分間つづき、水平動であった。

戸外はむろんのこと家の中も凍りつくような寒さであった。人々は歯列を鳴らして身をふるわせ、震動がやむと再びふとんの中にもぐりこんだ。地震の後には津波のやってくる可能性がある。しかし、三陸沿岸の住民には、一つの言い伝えがあった。それは、冬期と晴天の日には津波の来襲がないということであった。その折も多くの老人たちが、

「天候は晴れだし、冬だから津波はこない」

と、断言し、それを信じたほとんどの人は再び眠りの中に落ちこんでいった。

しかし、その頃、海上は急激にその様相を変えていた。

海水が徐々に干《ひ》きはじめ、それにつれて沿岸の川の水は激流のように飛沫をあげて走り、海に吸われていた。

海水の干く速度が急速に増し、湾内の岩や石が生き物のように海水とともに沖に向って転がりはじめた。岩は激突し合いながらすさまじい音響を立てて移動してゆく。たちまちに、湾内の海底は干潟のように広々と露出した。

沖合に海水と岩の群をまくし上げた海面は、無気味に盛り上った。そして、壮大な水の壁となると、初めはゆっくりと、やがて速度を増して海岸へと突進しはじめた。

壁は、海岸に近づくにつれてせり上り、一斉にくだけた。

家々には、地震で起きた人々の手でともされた灯が点々とつらなっていた。

屹立した津波が、四囲を水煙りでかすませながら村落の上に落下し、たちまちにして灯は絶えた。

家は水圧で粉砕され、人の体とともに激しく泡立つ海水にまきこまれ、やがてそれは勢いよく干きはじめた海水に乗って沖へとひきさらわれていった。

海水は、再び海底を露出させ沖合で体勢をととのえるように盛り上ると、第一波より一段とすさまじい速さで海岸へと進んだ。

津波は、三回から六回まで三陸沿岸を襲い、多くの人々が津波に圧殺されひきさらわれた。その上、厳寒のしかも深夜のことであったので凍死する者も多かった。

津波の前の異常な干潮は、多くの場所で観察されている。中央気象台の調査員は、各地の大干潮状況を左のように報告している。

宮城県

鮎川　津波の前に、大干潮。長い桟橋の橋脚が一本残らず露出し、捕鯨船の赤腹もみえた。

女川　津波の直前、ザワザワと音を立てて潮が勢いよく干いた。

小泊　津波の直前、海岸から一〇〇メートルぐらいまで潮が干いた。

欠浜　海水が、ほとんど湾口まで干いた。

岩手県
　綾里　地震後三十分ほどして海岸から一、〇〇〇メートルの距離にある湾口まで海水が干き、湾は干潟と化した。
　釜石　地震後十数分して、三二〇メートルの長さの桟橋の先端まで潮が干いた。
　赤前　午前三時十五分頃、海水が急に干いた。
青森県
　小舟渡　地震後三十分して、ゴロゴロと海底の岩の転がる音がして平常の干潮面より三倍半も潮が干いた。

津波の襲来する光景を目撃した人も多い。
宮城県本吉郡階上村岩井崎の県立燈標長もその一人である。この地域の津波は、他の沿岸と比べるときわめて弱い。それでも、燈標長の冷静な実見談は津波のすさまじさをよく表現している。なお、燈標長の立っていた場所は海面から一五〇メートルの高さにある波路半島の突端であった。

岩井崎県立燈標長ノ談
地震ガ余リ激シイノデ、起キタ。地震ハ、八分間モツヅイタ。
地震ノ揺レ方カラ察シテ、津波ガ来ルノデハアルマイカト思イ、沖ノ方ヲ見ツメテイタ。

スルト、地震ガ終ッテカラ十五分程シタ頃、潮ガ勢良クヒイテユクノガ見エタ。ソレト殆ンド同時ニ、ダイナマイトノ破裂スルヨウナ音ガ沖ノ方カラ聞エテキタ。三分程タッタ頃、突然、沖ニ白イウネリガ一面ニ湧イタ。津波ダ、津波ダト言ッテ、近所ノ人ガ集ッテキタ。ウネリガ、夜ノタメ青白ク光ッテミエタ。

高イ場所ナノデ安全ダッタガ、少シデモ高イ所へ上ラナイト不安ダッタノデ、近所ノ人ト争ウヨウニ屋根ニ這イ上ッタ。

海ヲ見ルト、沖ノ方カラ黒イ海水ガ押シ寄セテクル。沖ノ岩ニハ雪ガ白ク積ッテイタガ、津波ノ通過デソノ白サガ次々ト消エテユク。コレハ大津波ダト思ッテ、

「津波ダ、津波ダ」

ト叫ンデ、近所ノ人ヲ全部起シタ。

この津波は、波路上の村落に押し寄せている。村落の海岸には、高さ二・六メートル、長さ一二〇メートル、厚さ（上端）二・五メートルの防潮堤が立っていたが、津波はその中央部分の一〇メートルほどを破壊して村落に流れこんだ。

この村落は、明治二十九年の大津波で八十余戸の家がすべて流失し全滅していた。そ

のため人家を高い所に移したが、漁業に不便なので海岸近くに再び家を建て直したものもあった。これらの家は津波に押しつぶされ、三戸の家が流失したのである。

津波の押し寄せ方は、千差万別である。海岸の地形、震源地からの距離、湾口の開いている方向等が作用し、さまざまな形をとる。

各地からの簡単な報告からも、それがかぎとれる。

宮城県

磯　　海面が白い光を放つと、見る間に津波が襲ってきた。

小淵　泥をまじえ、波の先が切り立った屛風《びょうぶ》のように、速度はすこぶる大で汽車よりはやい。

谷川　盛り上って走ってきた。

立浜　静かにきたが、防波堤の所で急に高くせり上った。

白浜　コンモリと高く高く盛り上ってきた。

小室　波の波頭がくだけて、重なり合うようにのしかかってきた。

伊里前　波が、立幕のようになって突き進んできた。

名足　大きな容器の中の水が一斉にあふれ出るようにやってきた。

石浜　泥色の水が、泡立って襲ってきた。

大谷　真黒な波が、盛り上って突き進んできた。

鶴ケ浦　黒い潮がすさまじい速度で走ってきて、岸に近づくにつれ青白く光った。
欠浜　黒い津波が、青白く光っていた。
岩手県
根崎　黒々とした潮が、盛り上りながら迫ってきた。
泊港　下から押し上げるようにきた。
青森県
三川目　薪を横に並べたように重なり合ってやってきた。
四川目　真黒な波が、夜空にとどくほど高くそびえて突き進んできた。
つまり津波は、屛風を立てたようにやってきたもの、山のように盛り上ってきたもの、重なり合うようにやってきたものの三種に分類できる。形態はそれぞれの地域で異なっているが、一大轟音とともに三陸沿岸の各村落に襲いかかったのだ。

田老と津波

被害は、明治二十九年の大津波襲来の折と同じように岩手県が最大であったが、その中でも下閉伊郡田老《たろう》村の場合は最も悲惨をきわめた。

明治二十九年の折には、田老、乙部、摂待、末前の四字《あざ》のうち、海岸にある田老、乙部が全滅している。田老、乙部の全戸数は三三六戸あったが、二三メートル余の高さをもつ津波に襲われて一戸残らずすべてが流失してしまった。人間も実に一、八五九名という多数が死亡、陸上にあって辛うじて生き残ることができたのはわずかに三六名のみであった。なお、このほかに難をまぬがれた村民が六〇名いる。それはその日一五艘の船にのって沖合八キロの海面に出ていた漁師たちで、マグロ漁に従事していた。

その漁師たちは、津波の発生時刻に突然陸地の方で汽車の驀走《ばくそう》するような轟音をきいた。

かれらは、顔を見合わせた。なにか大異変が起ったにちがいないと察して、網を急いで引き上げると力を合わせて陸地の方へ漕ぎ進んだ。

その途中、三度の大激浪に遭遇した。かれらは、ますます不安にかられて必死に港の方へ船を進ませようとしたが、無数の材木が流れてきて、その上波も高く入港することはできない。やむなく港口で碇《いかり》をおろし、陸地の方をうかがっていたが、全村の灯はすっかり消えていて、しかも、

「助けてけろ――」

という声がかすかにきこえてくる。

漁師たちは顔色を変え、家族の身を案じて救助におもむこうとしたが暗夜と高波のため岸に近づく手段もなく、ようやく夜が明けてから港に入った。

かれらの眼に、悲惨な光景が映った。人家は洗い去られて跡形もなく、村は荒涼とした土砂と岩石のひろがる磯と化していた。

かれらは陸に上り村落の全滅を知ったが、極度の驚きと悲しみで涙も出なかったという。

そのような打撃を受けた田老村は、その折の災害から三十七年たった昭和八年に、またも津波の猛威によって叩きつぶされたのだ。

昭和八年三月三日午前二時三十分頃、田老村の住民は、はげしい地鳴りをともなった地震で眼をさました。家屋は音をたてて震動し、棚の上の物は落ちた。時計は、どこの

家庭でもとまってしまった。かなり長い地震で、水平動がつづいた。

人々は、十年来経験したこともない強い地震に不安を感じて戸外へとび出した。

地震のため電線がきれ、全村が停電した。

遠く沖合で、大砲を打つような音が二つした。たまたま村の近くで道路改修工事がおこなわれていたので、人々は工事現場で仕掛けたハッパの音にちがいないと思った。

地震がやみ、電灯がともった。

人々はようやく気持も落着いて、それぞれの家にもどったが、再び大地が揺れて電灯が消えてしまった。

不安が、人々の胸にきざした。明治二十九年の大津波の記憶は生々しく、老人たちも、

「こんな時には、津波がくるかも知れない」

と、口にした。

注意深い男たちは、戸外に出て津波の前兆ともいうべき現象があらわれていないかをたしかめた。

津波来襲前には、川の水が激流のように海へと走る。井戸は、異常減水をする。海水は、すさまじい勢いで沖合に干きはじめる。人々は、灯を手にそれらを注意してみてまわったが、異常は見出せなかった。

かれらの不安は消えた。津波は、地震後に発生するおそれがあるが、その気配はない。

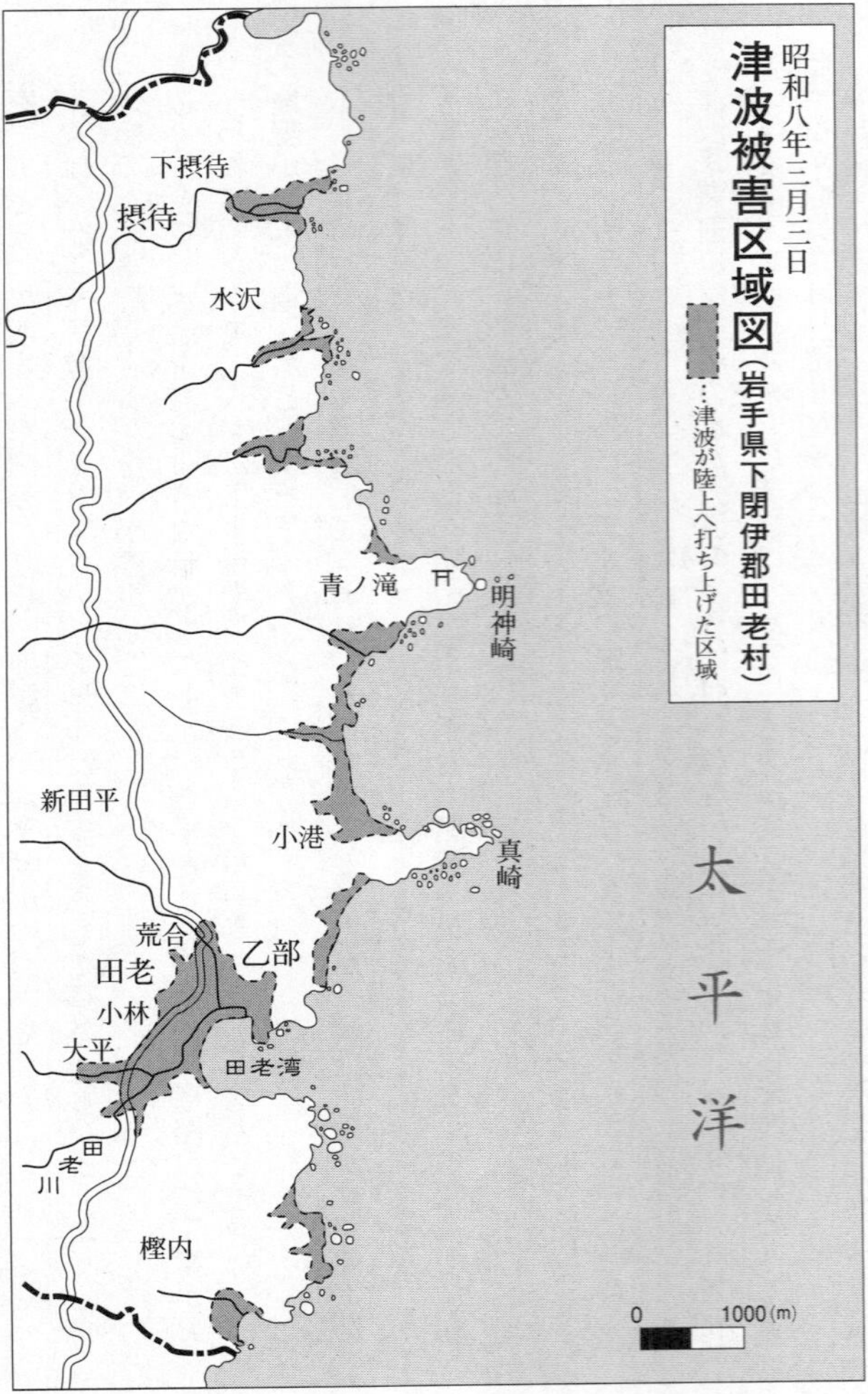
昭和八年三月三日
津波被害区域図（岩手県下閉伊郡田老村）
…津波が陸上へ打ち上げた区域
下摂待
摂待
水沢
青ノ滝
明神崎
新田平
小港
真崎
荒合
乙部
田老
小林
大平
田老湾
田老川
樫内
太平洋
0
1000（m）

人々は家にもどると、冷えきった体をあたためるため炉の火をかき起し、もう一眠りしようとふとんにもぐりこんだ。

静まり返った村内に、突然沖から汽船の警笛が余韻をひいて伝わってきた。それは、なにか異変を告げるような不吉な音にきこえた。

一部の家では、その音に人々がとび起きた。

「津波か？」という言葉が、「津波だ！」という言葉として近隣にひろがっていった。

たちまち村内は、騒然となった。家々からとび出した人々は、闇の中を裏山にむかって走り出した。人の体に押されて倒れる者、だれかれとなく大人にしがみつく子供たち、土の上を這う病人、腰の力が失われて坐りこむ者など、せまい路上は人の体でひしめき合った。

その頃、黒々とそそり立った津波の第一波は、水しぶきを吹き散らしながら海上を疾風のようなすさまじい速度で迫っていた。

湾口の岩に激突した津波は、一層たけり狂ったように海岸へ突進してきた。逃げる途中でふりむいた或る男は、海上に黒々とした連なる峰のようなものが、飛沫をあげて迫るのを見たという。

津波は、岸に近づくにつれて高々とせり上り、村落におそいかかった。岸にもやわれていた船の群がせり上ると、走るように村落に突っこんでゆく。家の屋根が夜空に舞い上り、家は将棋倒しに倒壊してゆく。

やがて海水が、逆流のように急激な勢いで干きはじめたが、沖合には、すでに第二波の津波が頭をもたげ進み出していた。たちまち第一波のもどり波と第二波の津波が海上で激突した。

高みにのがれてその光景を見つめていた或る者は、その二つの波の衝突によって高々と水沫が海上一帯に立ち昇り、ちょうど巨大な竜巻をみるようだと語った。

この第二波の津波が最大で、倒壊した人家と多くの人々の体は沖合にさらわれた。津波は第六波までつづき、次第にその勢いを弱めた。

寒気はきびしく、山上にのがれた人々は焚火をして煖をとった。逃げおくれて負傷した者たちは、寒さに体の自由もきかず凍死してゆく者が続出した。

夜が、明けた。

田老は、一瞬の間に荒野と化し、海上は死骸と家屋の残骸の充満する泥海となっていた。

田老、乙部は、わずかに数戸の民家と高地にある役場、学校、寺院を残すだけで、村落すべてが流失していた。死者は九一一名、流失した人家は四二八戸に達した。

また一家全滅も六六戸あった。その人数は三三三名で絶家となったのである。

その他、道路、橋梁、堤防等が跡形もなく破壊され、漁船九〇九艘が流失した。

田老村についで被害の甚大だったのは、岩手県気仙郡唐丹村本郷であった。

この村落は、完全な潰滅状態におちいり、全戸数一〇一戸中、実に一〇〇戸が流失、残された一戸も全壊していた。死者も多く、全人口六二〇名中、三二六名が死亡、二一名が傷ついた。

下閉伊郡小本《おもと》村小本の被害も大きく、一一八名の死者、七七戸の流失をみ、また釜石町でも、二三四戸の流失、二四五戸の倒壊以外に、火災が発生し二四九戸が焼失している。この出火は、津波来襲後、町の中央部二個所から発したもので、津波がつづいていた頃であったため消火作業に手をつけられず、火炎は目抜き通りを焼きはらい、その後の消火作業で午前八時三十分頃ようやく鎮火した。幸いこの町では避難が早かったため、死者の数は二九名のみであった。

住民

昭和八年の大津波を経験した人の記録がいくつか残されている。それらは、一つ一つが素朴な表現ながらも津波の恐怖を生々しく伝えている。

岩手県気仙郡唐丹村本郷
鈴木善一

私は、地震の後いったん妻と一緒に大杉神社の境内へのがれたが、まだみんなが揃わないので家に引き返した。

母は、

「なあに、心配はないよ」

と平気でおり、物知りの古老たちも心配あるまいというので、ほっと安堵し、家族そろって家に入ろうとすると、その時、

「津波だあ！」

という鋭い叫び声がした。

私は、母の手をとって逃げ出したが、波に追われてとうとう母と一緒に海中にまきこまれてしまった。

しっかりと握っていた母の手も荒波のため離れてしまい、必死の力をふりしぼって波に乗って泳いだが、材木などが浮かんでいるので危険でならない。波の中にもぐりこみ、遮二無二泳ぎ廻るうち、大きな屋根のようなものの下になってしまった。

根かぎりその屋根のようなものを破ろうとしてひっかきまわしたが、一向に破れない。そのうちに、スクリューに手がさわった。屋根だと思っていたのはあやまりで、自分の体が船の下になっていることに気づき、浮かび上ろうともがいたが、どうしても駄目だ。だんだん呼吸が苦しくなってきた。死ぬ、と観念した時、三度目の大波が来てその勢いで船の下からぬけ出すことができ、岸に打ち上げられた。

私が、母と手をはなして泳ぎ廻っていた時、他にも大勢の人々が波間に漂っていた。お互いに、

「満州の兵隊を思い出せ、これ位で死ぬものか」

と励まし合っていたが、二度三度とつづいてきた大波に離ればなれに流され、その声も次第に遠くなって大概は溺死してしまった。

この唐丹村本郷は、前述したように全戸数一〇一戸中一〇〇戸が流失、一戸が全壊した文字通りの全滅村落である。「満州の兵隊を思い出せ」というのは、当時は満州事変中で、日本軍が満州大陸に出動し、三陸海岸からも多くの青壮年たちが出征していたのである。なお、満州派遣兵の留守宅で津波の惨害を受けた戸数は、岩手県のみでも一九四戸にのぼっていた。

同村落の住民の体験記録が、もう一篇残されている。

気仙郡唐丹村本郷

逸　名

大地震で眼をさました。

津波が心配されるので、目星《めぼし》い家財を背負い、家族をいそがせて高台に避難した。しばらく海岸の様子に眼を配っていたが、何の気配もない。大丈夫かなと思って下りて行くと、古老たちは、

「こういう晴天には、津波は来ないものだ」

と、さも自信のありそうに言っていた。

大抵の人たちは、戸外は骨にしみ入るような寒さではあるし、古老たちの話をきいて

安心したので、再び家に入ると床についた。

しかし、私は不安なので起きていると、海岸に出て警戒していた北村の人らしい男が、

「津波が来るぞ！」

と叫んで家の前を通りすぎた。

しかし、寝入りばなの部落の人々は起きる様子もない。私は、びっくりして表へ出ると、暗い海岸の方から家の壊れるらしい音や人々のわめき叫ぶ声がきこえる。

私は、声をかぎりに、

「津波だあ、津波だあ」

と叫びながら、高所にある大杉神社の方へと走った。

ようやく起きた村落の人々も、われ先にと神社を目ざして逃げてきたが、何しろ暗さは暗し道はせまし、それにあまりの恐怖と驚愕のために足があがらず声も出ない。

丈余の波が物凄い音を立てて逃げる人々の後を追って来て、逃げおくれた三百余の人をさらって行った。

初め一時間ばかりの間は、救いを求める悲しい叫び声が方々にきこえたが、それも少なくなってやがてきこえなくなった。

やっと命拾いして避難した人たちは、恐怖と寒さのためすっかり失神状態になっていて、ただガタガタふるえながら涙を流すばかりであった。

岩手県下閉伊郡山田町は、五九一戸の人家のうち二六六戸が流失しているが、死者は八名を出したにとどまった。町民の避難が早かったためであるが、この町の一漁師が、たまたま釜石町方面に出漁していて津波に遭遇している。釜石は、津波によって死者三六、流失家屋一一二戸、全壊家屋四〇九戸の被害を受けたが、以下はその漁師が釜石町で経験した津波の記録である。

阿部亀太郎

津波の夜、私は、釜石港の桟橋の下に漁船をつけて、その中に寝ておりました。ミリミリと大きな地震が来たなと思うと、沖の方で稲妻のようなものがピカピカと光り、同時に沖の方で凄じい音がしました。

間もなく第一回の津波がやってきて、たちまち私の船は顚覆《てんぷく》してしまいました。私は、海に投げ出されたので流木につかまって桟橋の下を漂っていますと、ゴーゴーと凄い音を立てて三丈ぐらい（約一〇メートル）もあろうと思われる高さの大波が押し寄せてきました。逃げようと思っても逃げることができません。私は、大波にのまれてしまい、無我夢中で波の下を泳ぎまわりました。

そのうちに意識も失われたのでしょう、どの位経ったかわかりませんが、気がついてみますと水の中にいるはずの自分がどこかに寝ております。手で探ってみると、自分の体が倒壊した家の屋根の上にいることがわかりました。

おそらく無意識の中で流れてきた家にすがって、家もろとも波にのって釜石町の中に押し上げられたらしいのです。

そのうちに、火事が町の中で起りました。青年団や消防の人々が来て、私をかつぎ上げてくれたまでは分っていますが、後はもう何も知りません。

皆さんの手厚い介抱を受けて危い命をたすけていただき、翌日（三月四日）津波後初めての船で、郷里山田町に帰りました。


岩手県九戸郡種市村は、青森県に接した地域にある。死者一〇一名を出し、二一九戸の人家のうち五三戸が流失している。この村の住民の体験記もいくつか残されている。

種市村川尻
出石正武

真夜中の二時半、突然の強い地震に家族一同びっくりして表へ飛び出したが、数回の弱い余震があった後パッタリとやんで、あとは元の静寂にかえった。

夜空を見上げあたりを見廻したが、別に変った様子もない。外は息も凍るような寒さである。もう心配はあるまいと、家に入った。炉の火は、すっかり消えていた。

関東大地震に遭ったことのある妹が東京からもどってきていて泊っていたが、

「東京の震災の時の地震は、まだまだ強かった。今のは水平動のようだから、上下動とちがって心配なことはなかろう」

と、大分自信のありそうなことを言う。

この寒いのに起きていて風邪を引いてはいけないからと、銘々の寝室に入った。十分……二十分……、別に何の音もない。三十分も経ってうつらうつら眠りに入ろうとした頃、俄《にわ》かに海の方から異様な音がきこえて来た。また地震がやって来るのかと思って、枕から頭をもたげて耳をすましていたが、なかなか地震になりそうにもない。そのうちに電灯が消えてしまった。異様な音はなおつづいている。無気味なので起きて履物をはくかはかぬに、ガラガラと激しい音がした。川尻川の河口の結氷が、波で割れる音だ。

津波！

私は、

「おーい、みんな出ろ！」

と、大声で叫んだ。

十三歳の長男と六十四歳の母がまっ先に飛び出し、その後から八歳の娘を負うた妻と妹が出てきた。

一同は、何度もつまずいて倒れながらも一段と高くなっている鉄道線路に駈け上った。背後からザアザアという音がして、津波の近づく気配がする。今にも水をかぶるかと気が気ではなかったが、一生懸命逃げおおせることができた。海の方をみると、ただ真っ黒であった。

厳しい寒さであるのに、家族は、足袋をはく暇もなく素足のまま飛び出しその上凍った雪の中を駈けてきたので、足が切れるように痛いと訴えた。私は、近所の店に行って草履を借りてきて、それをはかせ、高地にある知人の所へ避難するように言いつけた。

家族が去った後、私は大したこともなかろうから家に戻って戸締りをして来ようと、暗闇の中を足探りに出かけると、ついさっき逃げてきた道はザブリザブリと凍った雪の混った水がひろがっていて歩かれない。

仕方なく引返して線路の上に立って海の方を眺めていると、半鐘が鳴り出した。間もなく消防第七部長が、部下の消防手たちを引き連れて被災者を救出するため駈けつけてきた。それに力を得てまた家に行ってみようとした時、後方の高地の方で、

「来たぞ！　来たぞ！」

と叫ぶ声がしたので、びっくりして高い方へ高い方へと逃げた。やっと安全地帯まできてほっと胸をなでおろしていると、下方の村落で波に襲われた家屋のこわれる音がし

てきた。

　夜が明けた。村落におりてみると、私の家の屋根は無残にも流され、自分が夜明け前に立っていた鉄道線路の下に哀れな残骸を横たえていた。六軒の家はみな流されて跡形もなく、一面ただ荒涼たる砂原になっていた。

「どこの村が全滅だ、あの村も全滅だ」

などという悲しい情報がしきりに伝えられてくる。ここでさえこんなにひどい惨害だ。海岸沿いの村落はきっと全滅したにちがいないと噂《うわさ》し合った。

　妹や親類の所へ無事の電報を打つことを頼んだが、電報は非常にとりこんでいて、午後でないと通じまいとのことであった。

　そのうちに役場や警察の救護の手がまわって、寒さと空腹からのがれ出ることができたが、余りにも大きな災害に心がおびえて、ただそわそわと一日を暮し、その夜は川尻区総代の家に、他の罹災者たちと一緒に炬燵《こたつ》に入って夜を明かしたのである。

　この川尻は死者はゼロで、わずかに人家八戸が流失しただけだが、同村の海岸にある八木では七九名、大浜では二二名と村落の二〇パーセント近くが死者となっている。その八木と大浜の生存者が記録した体験記を紹介する。

九戸郡種市村八木

八木郵便事務取扱所長　石橋三七郎

強震にびっくりして起きたが、別段のこともないし寒さが厳しいのでまた床に入った。眼が冴えて、なかなか寝つかれない。

しばらくすると何の音か、ノゴノゴという音がきこえた。たぶん臨時列車が通るのだろうぐらいに思っていると、あわただしい足駄の音がして、それがだんだん高くなってくる。

また起きて裏口をあけてみると、外はひどい風ですごい浪の音がしている。私は、思わず、

「津波だ！」

と叫びながら夢中で子供たちの眠っている寝室に駈けこんだが、子供を起すひまもなくメリメリと家が倒れてその下敷きになってしまった。

妻子の安否を気づかってもがいているうちに水浸しとなり、グングン押し流されてゆく。どうにも仕様がない。

運を天にまかせて観念していると、間もなく干き潮になってきた。海の中だろうかと思って恐る恐る伸び上ってみると、北の方へ逃げてゆく人影がある。ふと気がつくと鉄道の線路の内側にいることがわかったので、体中の痛みも寒さも忘れて水の中に飛びこ

み、北の方にむかって泳ぎ、ようやく陸地に這《は》い上った。

助かったと思って、五分間ほど這いながら高地の方へ進んだ時、後の方でまた波の音がした。

振返ると、まっ黒い大波が、のんのんと押し寄せてきた。あっと思う暇もない。頭上高く波が通過すると同時に波にまきこまれ、製材工場跡へ流された。

こわれた家屋の木片や流材などに当って傷を負い、ほとんど半死半生の姿で泳ぎまわっているうちに、ひょいと右の手が生木にさわった。無意識にとりつくと、そこは鉄道線路の土手上であった。

体をさらわれて流れそうになるのを遮二無二その生木にしがみついているうちに、やっと水が引いたので歩こうとしたが、体のそちこちが痛んで立てない。やむなく四つん這いになって線路の上を北の方へ進むうちに、だんだん意識がはっきりしてきた。

ふと見ると、向うに大きな家がある。這ったりころんだりして、やっとその家にたどりついた。

家族はみな避難してしまっていて、盲目の老人がただ一人とり残されていた。私は、その老人にたのんで着物を探し出してもらい、びしょ濡れになった着物を着かえ、炭火をおこして煖《だん》をとっていた。

その時、素っ裸の男が二人、駈けこんできた。大野村の大工たちで、生きた人間の顔色ではなかった。私は、大工たちにも着物を着させて炬燵にあててやると、ようやくかれらは正気をとりもどした。

夜明け近くに、大工の父親が息子の安否を気づかってやってきて、無事を喜び合った。

私は、その大工の父親に、

「村の人に、私が負傷して歩けないでいると伝えて欲しい」

と、頼んだ。

やがて迎えにきてくれた人に運ばれて収容されたが、それきり起きることもできず床についてしまった。職務のことが心配で、種市郵便局に使を出して事務員の派遣を請い、さらに仙台逓信局へも被災状況を詳細に報告してもらった。

津波が再び襲ってくる不安もあって、高台にある土居長城氏宅に移され、そこで九日間を暮し、それから八戸病院に四十日間入院してほぼ全快というところまでこぎつけた。

安否を気づかわれた妻は、私同様重傷を負ってはいたものの一命をとりとめた。しかし、長男隆（八歳）と次女カツ子（六歳）を救うことが出来ず、無心に眠ったまま死なしてしまったことは可哀そうに思えてならない。

種市村八木
前陸中八木駅長　柿崎　貞

地震があまり強いので、子供たちはとうとう泣き出してしまった。耳をすまして外の様子をうかがうと、漁に出る発動機船の音がするだけで別段なんの不思議もなかった。

しばらく聞き耳を立てていると、中野駅近くと思われる方向から底鳴りがして、それが段々高くなってくるように感じた。

津波！　と直感して、子供たちをみな起し避難の仕度をしていると、電灯が消え、つづいて家の倒壊するらしい音が激しくきこえるので、提灯をつけて八木駅の前に出てみた。

別に異常がない。しばらく佇《たたず》んでいるうち、二人の漁夫が真っ裸で息を切らして逃げてきた。鉄道官舎に行ってみると、戸があけ放されたまま誰もいない。金山の方で人声がするので登ってみたら、着のみ着のままの人たちが避難していた。沖の方を眺めると暗くてはっきりしないが、潮が干いてなんとなく無気味だ。

八木の北村落の様子を見ようと思って出かけたが、県道一帯に家屋の倒壊した障害物があってなかなか歩かれない。時折、助けを求める叫び声がきこえるが、真っ暗でどの方向だかわからない。離ればなれになった人々は、半狂乱になって泣き叫びながら闇の中を探しまわっていた。

なにしろ海岸一帯の被害であり、それに一寸先さえ見えないような暗夜のこととて、どうにも救いの手が廻らず、東の空が白みかかってから、ようやく下敷きになった者や負傷者の救助をはじめたので、その間にきびしい寒気のため凍死した人も少なくなかったのは実に残念なことであった。

婦人の体験記も残っている。

種市村宿戸
上岡谷たま

子供等と一緒に眠りに就いておりましたが、地震で眼をさますと、家がグラグラと激しく揺れておりました。びっくりしてとび起き、子供たちを呼び起して着物を着せ避難の用意をしましたが、お隣の松橋様の様子をみると別段騒ぐような模様もないので、安心して子供等を寝かせました。

それから間もなく突然物凄い音がしましたので、びっくりして子供たちを起し、股引やシャツを着せ足袋をはかせていますと、さっきの物凄い音が沖の方からきこえてきました。

きっと津波にちがいないと思い、四人の子供等を引き連れて一歩戸口を出たとたん、大きな波が押し寄せてきてメリメリと家が倒れ、あわやと思う間もなく、私も子供たちもその下敷きになったまま流されてしまいました。

水がひいてから子供等の名を呼んでみますと、低く答える声がします。同じ屋根の下敷きになったまま、兄弟同士手をとり合って叫んでいるのでした。

子供等は、一生懸命に父や母を呼んでいます。私は、胸が張り裂けるように悲しくなりましたが、体を圧《お》しつけられているのでどうしても這い出ることが出来ません。

「今に舟で漁に行っているお父さんが来て助けてくれるんだから、もう少し我慢しておいでよ」

と、励ましておりました。

私も体中が痛み出し、水に漬っているので凍えそうです。子供等のことを考えると、ほんとうに生きた心地がありませんでした。そのうちに、「弟が冷たくなって口を利かなくなった」といって兄の方の泣く声がしました。

「もう少しだから、我慢しておいでよ」

と、元気づけておりましたが、今度は兄の方が弟の死んだのに落胆したのか、或は凍え死んだのか、いくら呼んでも返事がありません。

私は、がっかりして今まで子供等可愛さのために張りつめていた気が急にゆるんで、人事不省に陥ってしまいました。

その後どれほどの時間がたったか知れませんが、正気づいてみると私は救い出されて病床の上に寝かされていました。

「子供等はどうなりました」

と、尋ねますと、

「負傷して入院中だから心配するな」

と慰めてくれました。

しかし、これは私に気を落させぬための言葉で、子供等四人はみんな帰らぬ旅に立ってしまったのでした。

不幸はその上にも重なって、夫は種市村八木に碇泊中、船と一緒に行方不明となり、一家六人のうち生き残ったのはただ私一人だけです。それに大怪我《けが》のため体の自由がきかず、床に就いていて後始末のことや今後の生計のことなどを考えると、「本当に生き甲斐がない。いっそ子供等と一緒に死んだ方が幸いだった」と悲しくなりますが、近所の方々の厚いお情で葬式もすましていただき後始末もつけ、その上世間の人様の御同情で衣食の心配もなく十分に療養をつくすことができ、ただただ感謝の日を送っている次第です。

この上岡谷たまさんのように孤独の身になった者もいれば、一家全滅して絶家となった家も数知れない。

私は、三陸海岸を歩いて昭和八年の津波を経験した多くの人に会った。三十七年前のことなので、人々の記憶は生々しい。ノートを手にメモして歩いたが、岩手県下閉伊郡田野畑村島ノ越に住む畠山ハルさんという五十一歳の婦人もその一人である。

ハルさんは、当時十四歳で、村会議員の熊谷武蔵という人の家に家事手伝いをして働いていた。その家は、海から一〇〇メートルほどある所に建っていて、激しい地震で一家中がとび起きた。

ハルさんは、熊谷家の次女である六歳の京子と添寝をしていたが、揺れ方があまりにも激しいので、いつでも戸外へとび出せるように京子に着物を着させた。

やがて地震もおさまり、主人の熊谷氏も、

「もう大丈夫だから寝なさい」

というので、京子とふとんに入ったが、不安なので京子には着物をつけさせたままだった。地震で電線がきれたのか、停電していて、部屋の中にはただローソクがともっているだけだった。

突然、津波だあ！　という声がしたので、ハルさんは、京子を抱いてとび起きた。そして、夢中になって三〇メートルほどはなれた裏山の登り口に走り出した。

後方でゴオーッという音がしバリバリと家のこわれる音がしたので、瞬間的にふりむいてみた。すると、熊谷家の前に建つ二階家の屋根の上方に、白い水しぶきをあげた黒々とした波が、ノッと突き出ていたという。

ハルさんは、必死になって山ぎわにとりつき這い上りかけた時、波が押し寄せてきてさらわれそうになった。彼女は、京子を首にかじりつかせて灌木の幹にしがみついていたが、その足にすがりついた子供がいた。それは、早野治平という六歳の男の子で、波のひいた後、ハルさんは京子と治平をつれて杉の繁る山の上にたどりつくことができたという。

私がハルさんの話に関心をいだいたのは、むろん二階家の屋根の上に黒い波がみえたという点である。その話をきいただけでも、津波の恐しさがよく分るような気がした。

子供の眼

明治二十九年の大津波についで昭和八年の大津波でも、岩手県下閉伊郡田老村は、最大の被害を受けた。死者は九〇一名、流失家屋も五五九戸中五〇〇戸というすさまじさである。地震があった後寒さに辟易《へきえき》してふとんに入り眠ってしまった者は、逃げおくれてすべてが死亡しているのである。

地震後三十分ほどして津波が襲来したが、その直前に海水は海底の砂礫《されき》をさらって沖合へ猛烈な勢いで干《ひ》いた。退潮位は三〇メートルから五〇メートルというすさまじさだった。

その後津波の第一波が襲来、夜明けまでに六、七波までつづいた。津波の来襲と同時にあおり風が発生、家屋を倒壊させ屋根を宙に舞わせた。

村民は、村の背後にある赤沼山をはじめとした高地に逃げた。が、道路はきわめてせまく押し合いへし合いしたため動きはおそかった。その人々に、津波は秒速一六〇メートルという恐るべき速度でのしかかっていったのだ。

田老町（当時は田老村）には田老尋常高等小学校生徒の作文が残っている。それは、子供の無心な眼に映った津波だが、それだけに生々しいものがある。

私は、田老町総務課員の案内で、当時作文を書いた人々に会って話をきく機会も得た。

つなみ

尋二　佐藤トミ

大きなじしんがゆれたので、着物を着たりおびをしめたりしてから、おじいさんと外へ出て川へ行って見ました。

其の時はまだ川の水はひけませんから、着物を着てねました。そうしておっかなくているると、外でつなみだとさわぎました。

私は、ぶるぶるふるえて外に出ましたら、おじさんが私をそって（背負って）山へはせ（走り）ました。

山で、つなみを見ました。

白いけむりのようで、おっかない音がきこえました。火じもあって、みんながなきました。

夜があけてから見ましたら、家もみんなこわれ友だちもしんでいたので、私もなきました。

つなみ　　　　　　　　　　尋三　大沢ウメ

がたがたがたと大きくゆり（揺れ）だしたじしんがやみますと、おかあさんが私に、

「こんなじしんがゆると、火事が出来るもんだ」

といって話して居りますと、まもなく、

「つなみだ、つなみだ」

と、さけぶこえがきこえてきました。

私は、きくさんと一しょにはせておやまへ上りますと、すぐ波が山の下まで来ました。だんだんさむい夜があけてあたりがあかるくなりましたので、下を見下しますと死んだ人が居りました。

私は、私のおとうさんもたしかに死んだだろうと思いますと、なみだが出てまいりました。

下へおりていって死んだ人を見ましたら、私のお友だちでした。

私は、その死んだ人に手をかけて、

「みきさん」

と声をかけますと、口から、あわが出てきました。

現在この作文を書いた大沢ウメさんは、田老町の大きな食料品店の主婦となっている。四十代も半ばに達しているが、あどけない少女のような眼をした方だった。

当時の家族は、栄宏丸という漁船の船長をしていた父のほかに母、姉、弟の五人で、浜に出ていた父は津波で死亡した。「私のおとうさんもたしかに死んだだろうと思いますと、なみだが出てまいりました」と作文に書いてあるが、その予感は不幸にも適中したのである。

作文の中に、みきさんという友だちが死んだとあるが、それは親友の山本ミキだという。「……あわが出てきました」と書いてあることに私はぎくりとし、その折のことを詳しくきいてみたが、この地方では、死人に親しい者が声をかけると口から泡を出すという言い伝えがある。その時も泡が出たので、幼い少女の死体をかこんでいた人たちは、

「親しい者が声をかけたからだ」

と、涙を流したという。

ウメさんは当時を回想するような眼をしてこんなことも口にした。……ウメさんが、山の上に駈け上った時、まだ田老村には灯がともっていた。それがゴーッという物凄い

響きをあげて津波が来襲し、白い水煙が舞い上ったと同時に、ちょうど焚火に水をぶちまけるように灯がまたたく間に消えたという。この話には、津波の恐しさをしめす妙な実感があった。

つなみ

尋三　川戸キチ

私がぐうぐうねむっていると、おかあさんが、

「キチ、こら、おきろ」

といったので、なんだと思って目をさましますと、私の家につかえている長助さんが、

「キッちゃん、つなみだ、はやくそわれろ（背負われろ）」

といったので、私がそわれますと、弟が、

「おれをそえ」

といった。

すると、長助さんが、

「おとうさんにそわれろ」

というと、だだをこねました。

そして、おとうさんが、げたをたずね（探し）ているのをみて、長助さんが、

「早くしなければ、つなみがくる。早く、早く」

といいました。

お父うさんが弟をせおって、私は、くらい道をはせ、ようよう赤沼山にのぼると、よしさんたちは、もうたき火をもしていました。すると、おとうさんや弟がきました。私が、

「おかあさんたちは、どうなりました」

とたずねますと、

「にかいにあがったようなようすだ」

といったので、もうしんでしまったろうと思っていると、

「又、なみがきたあ」

といったのでむこうを見ると、火がぼうぼうもえて、山の下にいる人たちは、

「たすけてくれろ、たすけてくれろ」

というので、おとうさんたちは人をたすけにゆきました。

夜があけてから学校へきて見ると、まだだれもきて居りませんでした。それから表へ出て見ると、しんだ人達が、あっちにもこっちにも、ごろごろと女や男の人が居ました。

いせ吉おじさんが死んだ

尋四　山本栄悦

つなみのつぎの日、おじさんは病気になった。それは、つなみで流されたからです。つなみの日、おじさんは丈夫で働いていた。もっこをそって、流れたものをひろって歩いていたが、つぎの日は病気になって松長根に行った。

三日目は学校にお医者が来たので、いせ吉おじさんを松長根のおじさんとお爺さんとでかついで学校に行った。

おじさんは、「ウンウン」と苦しそうにうなっていた。頭は熱であつかったし、はき出すつばには、浜の砂がまじっていた。

それから日がたっていくにしたがって、おじさんの病気は、ずんずん悪くなる。或る日、僕と姉さんと学校へ行ってみると、おじさんはほず（分別）がなくて、僕の姉さんをみて、

「乙部のおばさんがきた」

といっていた。

次の朝、おじさんは死んだ。おそうしきは、しんるいだけでさっとしました。

おじさんには子供が六人あったが、一人はつなみで死んで、一人はつなみよりさきに死んで今は四人いる。

その中の下の子供に、

「おとうさんは？」

ときくと、

「ごっこ（魚）をとりにいった」

と、いいます。

この作文によると、医師は津波の三日後にようやくやってきたことがわかる。救出された後も、この少年のおじさんのように死亡していった者が多かったのだろう。

大津波

尋五　前沢盛治

僕は、寝て居た。

ガタガタと家が動く音に目をさまして、あたりを見た。真暗なので、なにも見えない。いつもの地震では電灯が消えないのに、と思いました。僕は、なにか恐しい事が起るのではないかと思って、はね起きて服を着た。

またガタガタと家が動く。ますます恐しくなった。一番上の兄さんが、寝巻を着たまま神棚にあるローソク立てに火をつけて持って来た。あたりが、急に明るくなった。

一番上の兄さんは、

「こら、皆起きて服を着ろ」

と、言った。弟と兄さんもはね起きて、服を着た。

「服を着たら、そのまま床に入ってろ」

と、兄さんは、そのまま表へ出ていった。まだ地震はやまない。

僕達が、とこに入っているとあわただしく表からかけて来て、

「盛治、盛三、徳治、津波だ、山さにげろ」

と言った。

僕たちは、服を着ていたので床から起きるとすぐ靴をはいたり足だをはいたりして、三人一しょに表に出た。まさか津波が、と思いながら走った。

川村さんの橋の所に来ると、人がたくさんいた。横をむくと、兄さんが見えない。兄さんに捨てられたな、と思って弟の盛三をひっぱってかけ出した。

間もなく郵便局の所に来た。すると、弟が石にち（つ）まずいてころんだ。弟をおこして走ると、ガラガラガラガラ、バリバリバリとものすごい音がした。その音をきいた所は、山のふもとであった。

少し安心したが、体がふるえていた。弟を引いて山へ上るのはめんどうだと思って、弟を道のいい方にやって、僕は道でない所を走った。すると、赤沼の人が提灯をつけて、

「こっちさ、こう（来い）、こう」

と言いながらあるいていた。

弟と兄さんが、見えなくなった。二人は死んだのではないかと思ったら、おもわず涙が出た。僕は、声を立てて泣いた。

泣いてもしかたがないと思って、赤沼の人達とお稲荷さんの方へ行った。すると青砂里の方で、「助けてくれ、助けてくれ」という声が聞えた。

ぼうじ（坊主）山のてっぺんへ行ってたき火にあたりに行くと、弟がお寺のおかちゃん達と話をしていた。僕は、火にあたった。兄さんと一番上の兄さんが来た。僕は、誰も死なないので安心した。

朝になって、弟と兄さんと三人手をつないで下りていった。墓所の所に来ると、はだしの人がたくさんいた。お寺に行って、握飯を二つたべた。

間もなくお父さんが中里から来た。

「お前達はよく助かったなあ」

と言って、父は涙をためていた。

父は、せなかから餅をたくさん出してくれた。たべながら津波の話を、父におしえた。

父は、なみだをためてきいていた。

津　波

尋六　牧野アイ

ガタガタとゆれ出しました。

そばに寝ていたお父さんが、

「地震だ、地震だ」

と、家の人達を皆起して、戸や障子を開けて外に出たが、又入って来ました。

けれどもおじいさんは、

「なあに、起きなくてもいい」

と言って、平気で寝て居ました。すると、だんだん地震も止んできました。

お父さんは、それから安心した様子で火をおこして、みんなをあててくれました。

ちょうど体があたたまったころに、お父さんが、

「なんだかおかしい。沖がなってきた、山ににげろ」

と言いますから、私は惣吉を起しました。

お母さんにせんちゃんをそわせて、静子と二人で表に出る時、おばあさんは火を消していましたし、お父さんは、「提灯を付けろ、付けろ」と、さわいでいました。

表へ出て見ますと、町の人々が何にも言わないでむすむすと（無言で）山の方へ行く

ので、

「静子、あべ（行こう）」

といったら、

「やった（いやだ）、おらあ父さんといく」

といって、家に入って行きました。

仕方がないから私はだまって家の前に立って居ると、そこへ玉沢さんのとし子さんが真青な顔をして来ましたので、二人手をとって山の方をさして逃げました。

木村さんのへいの所で人が沢山こんでいたので、落合さんの方へ行こうとしたけれども、又もどって木村さんのところを人を押し押しして、ようやくのことで山に逃げ登りました。

山に登った時土のような物が口に入りましたが、私はそんなことは平気で、笹にとっつきながら赤沼山のお稲荷さんの所まで行くと、みんながもっと登って行くので、私達もはなれないように、ぎっしり手をとって人の後について山のてっぺんまで上って火をたいてあたりました。

家の事を思い出したのは、其の時でした。私は、少し落着いて考えた時お父さんは確に生きて居ると思いました。

冷たい夜がほのぼのと明けたころ、他の家のお父さんやお母さんたちが自分の子供を尋ね（探し）にくるのに、私の家の人は誰も来ませんでした。

すっかり明るくなったので、下に行って家の人がどこかにいると思ってあちこち見ましたが、誰も私の家の人がいると教えてくれないし見当りませんでした。その時、私ははじめて一人残ったということがわかりました。

私は、泣きながらお墓の所まで来ました。そこで火にあたっている人を見たら、その人は頭から津波の水をかぶってぶるぶるふるえていました。

叔父さんと山こに来た時、小林の人達がけがをしたりお父さんやお母さんをなくしたといって泣いている姿を見て、私もだまって居られなくなって一しょに泣きました。其の晩は、いくら寝ようとしても死んだ家の人達を思い出して一寸も眠られませんでした。

翌日叔父さん達は、死体をさがして来るといって出はって行きました。

表に出て下の方を見下しますと、あっちこっちにごろごろと沢山の死体がありました。布団を着たまま死んでいる人もあれば、裸になって死んでいる人もありました。

お昼ころに、叔父さん達がもどって来ましたので、

「何人見付けたべえ」

と聞いたら、二人といった。だれとだれかわからないので又聞いた。すると叔父さんは、泣きながらお父さんとおじいさんといって涙を流しました。

私の眼からも涙が流れました。母さんや静子はどこにいるのだろうと思うと悲しくな

って、ただ大声で泣きました。

二、三日たって私が外を歩いていたら、他の人が静ちゃんがいたっけがといってきかせてくれました。私は、思わず涙が出て来ました。

だんだん日がたって、何時の間にか岡には死体も見えなくなりました。私が、いつも口ぐせに、

「叔父さん、お母さん達は見つからないの」

と聞くたびに、叔父さんは目に涙をためて、

「お母さん達は、たしかに海に行ったろう」

と言うのでした。

私は、死体が海から上ったという事を聞くたびに胸がどきどきします。私は、一人であきらめようと思っても、どうしてもあきらめる事は出来ません。三度三度の食事にも、お父さんお母さんのことが思い出されて涙が出てきます。

町を通るたびに、家の跡に来ると何んだかおっかないような気がします。近所の人々は、

「アイちゃん、何してお父さんをひっぱって馳せないよう（どうして無理にもお父さんをひっぱって走らなかったんだよう）」

といって、眼から出てくる涙を袖でふきながら、私をなぐさめて下さいます。

私は、ほんとに独りぼっちの児になったのです。

悲惨な内容をもつ作文である。ただ一人取り残された少女の悲しみがよくにじみ出ている秀れた作文でもある。

この作文を書いた少女は、現在田老町第一小学校校長の夫人として同町に住んでいる。四十九歳とは思えぬ若々しい明るい顔をした方だったが、津波の話になると眼に光るものが湧いた。

アイさんの家は、二〇名ほどの人を使って手広く呉服店と鮑の加工業を兼営していた。家には、祖父、父、母、父方の叔母と、妹静子（小学校二年生）、弟惣吉（六歳）、妹せん（二歳）とアイさんの八人がいた。そのうちアイさんをのぞいて、七名の家族が死亡してしまったのである。

アイさんが、とし子さんという娘にうながされて逃げなかったら、他の家族といっしょに死んでいたことはまちがいない。

アイさんの家は、海岸から一二〇メートルはなれた町の中に建っていた。それほどはなれていたのに、津波は一家全滅に近い惨害をあたえたのだから、その威力は想像を絶している。

叔父というのは山の高所に住む与市という父の弟で、家族の死体探しにつとめた。アイさんの父と祖父が死体となってまず見つかり、ついで妹の静子さんの遺体が南方の海岸に漂着しているのが発見され、与市氏はその三個の遺体をならべて土葬にした。が、母、叔母、弟惣吉、妹せんの四名の遺体は、その後沖に押し流されたのか発見もできなかったという。

津波によってすべてを失ったアイさんの生家は、破産した。そして孤児となったアイさんは、田老村の叔父の家に引きとられ、その後宮古町に一年、北海道の根室に五年と、親戚の家を転々とした。アイさんは成人し、十九歳の年には再び田老にもどり翌年教員の荒谷功二氏と結婚した。御主人の荒谷氏も、津波で両親、姉、兄を失った悲劇的な過去をもつ人であった。

荒谷氏とアイさんの胸には、津波の恐しさが焼きついてはなれない。現在でも地震があると、荒谷氏夫妻は、顔色を変えて子供を背負い山へと逃げる。豪雨であろうと雪の深夜であろうとも、夫妻は山道を必死になって駈けのぼる。

「子供さんはいやがるでしょう?」

と私が言うと、

「いえ、それが普通のことになっていますから一緒に逃げます」

という答えがもどってきた。

荒谷氏夫妻にとって津波は決して過去だけのものではないのだ。

津波

高二　赤沼とし子

三月三日午前二時半頃、家の人達が皆すやすやと眠って居る時でした。急にがたがたと大きく家がゆれました。

私は、びっくりして床から起上ったら、お母さんも続いて起きて子供等を起し着物を着せて居りました。その時は、電気はもう消えて居りました。

お母さんは色々と注意して、戸を開けたり何も危くない様にしました。それから間もなく、小さい地震が起りました。びっくりした瞬間、電気は又つきました。お母さんは安心した様子で子供等に、

「電気がついて何も起らないと思うから、着物を着たままで寝ろ」

といったので、私も姉さんも子供等も着物を着、襟巻もしたままで床の中に入りました。お母さんは、寝ないで家の中を色々と注意して居る様子でした。

少したったら、家のあたりをむすむすと人の走る気配がします。その為に私は起きて子供達も起し、お母さんと二人外へ出て見ました。お母さんは何回も何回も走る人々に火事だか何だかを聞きましたけれども、誰も教えないで、ただむすむすして走りました。遠くの方では、火事だ火事だと騒ぐ声が低くかすかに聞えました。お母さんは気をもや

す（いらいらする）様にして、家の中へ入って行きました。

私は、その時そばを通る人から、

「ゆだ（よだ）だ、ゆだだ」

と、ききました。

けれども私は其のわけを知らなかったので、ゆっくりと家の中へ入って行って姉さんに言ったら、

「それは津浪の事だ、お前達は早く逃げろ」

といいながら、私に自分のマントを着せました。

それから私がカバンを持って逃げようとした時には、もう子供達は居りませんでした。

私はマントを着、カバンを持って裏の山へと逃げました。行く途中暗い為に垣根にぶつかって転びました。起き上って後も見ずに又駈けて行ったら今度は堰《せき》へ入って、上ろうとしてもマントを着たりカバンを持ったりして居る為に上る事が容易ではありませんでした。それでマントを脱ぎ捨てカバンだけ持って駈けて行ったら、今度は電信柱の針金にひっかかって転びました。又起き上って駈けて行きましたが、胸ばかりどきどきして、足は中々運ばれませんでした。

山の近くまで行った時、家の人々を思い出して、どうなっているだろうと心配になりました。けれども戻ることは出来ませんでした。

あっちからもこっちからも泣き叫ぶ声、又誰かを呼ぶ声、遠くの方からは家の壊れる様なわりわりわりという音が物凄く聞えて来ました。山へ上って墓の前まで行ったら、人々が沢山居りました。

私が一番高い所に行くと、多くの人達がたき火をしてあたって居りました。そして、あちこちを見たら、八重子と梅子姉さんが皆と一所に居りました。思わず、

「ねえさん」

と言ったら、私の方を向いて眼には涙を一杯ためながら、

「誰だと思ったらお前か、よく助かった。お母さん達はどうなったろうなあ」

と、一人言の様に言ったまますすり泣きをしました。私の眼にも知らず知らず涙がぽろぽろとこぼれて、ふいてもふいても後から後からとこぼれて参りました。

山から下の方を見ると一面に火が燃えて、その火の中から片方の手を挙げて、

「助けろ――、助けろ――」

と叫んで居るのが見えました。そのかわいそうな事といったら、何とも言われない程でした。どこの人達も涙をこぼさない人はありませんでした。そうして居るうちに、夜は段々明けて参りました。

今まで夜が明けるのを待ちかねて居た私達は、早くすっかり明るくなって呉れればよいと思って居ました。其処《そこ》へ何処《どこ》かの人が二、三人来たので、

「お母さん達は、何処に居るか知らないの」

と聞いたら、

「お母さんは見ないが、姉さんを見た」

そういったので、八重子と梅子姉さんと三人で家の人達を探しに行きました。

お父さんや兄さんは、お墓の前で火を燃して身体をあたためて居りました。それを見たら何となくあわれに思われて、ただ涙のこぼれるだけでした。お父さんは流されたそうで、肱《ひじ》の所が少しはれて来て居て大層痛そうでした。身体も随分ぬれて居たので、梅子姉さんはネンネコを着せてやりました。

又お母さん、姉さん達を山中探したけれども中々見当りませんので、お寺へ行って探しました。それでも見えなくて学校に行ったら、多くの人達がみんな学校の中へ土足で入って居りました。

私達も中へ入って、あちこち見たけれども居りませんので、火にあたって身体を温めました。そして、とうとうお母さんも姉さんも見えませんでした。

其の晩は、小田代の家へ行ってとまりました。とても静かで、ただ川の流れがさらさらと聞えるだけでした。床についてからは、色々の事が思い出されて中々眠ることが出来ないで、とうとうそのまま夜を明してしまいました。

朝になって田老に帰り子供たちとお寺に行ったら、兄さんたちが、

「なつ子の死がいを見つけたから行く」

と言ったので、私も連れられて行きました。

行って見ると、もう二、三歩走れば助かるにいい様な所で死んで居りました。身体にはむしろをかけて、その上に板があって「赤沼なつ子」と書いてあったので分りました。

顔には砂が一ぱいついて、すねは片っぽうだけ血だらけになって傷んで居りました。

着物はきちんと着て、身体もあたりまえにきれいになって居りました。

私が、

「姉さん、姉さん」

と呼んだけれども、息は既に出なくなって居たのでした。

兄さん達は、ねえさんを板の上に載せてお寺にかついで行きました。

私は、その日おじさんと鍬ケ崎に向いました。妹の死がいは三日目、お母さんの死がいは四日目に見つけたそうです。とてもかわいそうで何とも言われないくらいだったとの事でした。


これらのすぐれた作文は、田老尋常高等小学校校長木村清四郎をはじめ教員たちの指導でまとめられた貴重な記録で、同校生徒一六四名、二名の教員の死に対する鎮魂文でもある。

孤児となった牧野アイさんの話によると、担任訓導佐々木耕助氏から「ありのままを作文に書け」と言われた記憶があるというが、書く児童も書かせた教員たちも悲痛な思いだったにちがいない。

その教員であった佐々木氏は、同村の本間屋旅館で下宿していたが、同旅館内のただ一人の生存者であったという。

「佐々木先生は短距離の選手で、丹前姿で後から迫る津波と競走して逃げ勝ったのですよ」

と、アイさんは可笑しそうに笑った。

救援

被災当日とその後数日の三陸地方の気温は、零下七・八度〜一七・一度というきびしい寒さであった。積雪が海岸をおおい、さらに雪もちらつく状態だった。深夜、着る物も着ずに飛び出した生存者たちは寒気にふるえ、多くの凍死者も出した。食料もなく、被災民は寒気と飢えで呻吟していた。

こうした惨状に対して、救援活動は、最大限の力を発揮したと言っていい。岩手県に例をとると、県庁所在地の盛岡市では地震を感じた直後、余震もやまぬ午前二時四十分に警務課長中野警視らが急いで登庁している。そして、ただちに県内各警察署長に対して地震による被害調査を問い合わせた。

報告は続々と集り、午前三時二十二分には全警察署からの報告がまとまった。その結果、地震による被害のないことがあきらかになり、中野課長はその旨を内務省にも報告した。

同三時三十分、警察部長森部書記官も姿をみせ、一同被害のなかったことに安堵していると、突然下閉伊支庁長と宮古警察署長からほとんど同時に、

「津波襲来ノ徴候アリ、目下警戒中。町民ヲ避難セシメツツアリ」

という趣旨の緊急電話が入った。

警察部はにわかに緊張したが、ついで釜石警察署長から大惨害を予測させる第一報が入った。それは、電話によるもので、

「地震後津浪襲来シ、同時ニ釜石町ニ火災ヲ発シ、ソノ勢猖獗《しょうけつ》ヲ極メルモ消火ニ従事スルコト能《あた》ワズ、鎮火ノ見込立タズ」

という緊急報だった。

警察部は狼狽し、三陸沿岸の警察署に警告を発しようとしたが、すでに同沿岸地方の警察署と連絡している警察電話をはじめ公衆電話もすべて杜絶し、情報蒐集の道が断たれた。

警察部では、三陸地方の津波による被害が激烈をきわめていると判断し、ただちに非常警備計画にもとづいて、警察部、警察教習所職員全員に対して非常招集命令を発した。

ついで午前四時、石黒英彦知事が登庁。各部長、警察部各課長を招いてあわただしく緊急会議をひらいた。その席上で知事は、非常警備司令部の設置を決定し、森部警察部長を司令官に任じて警戒警備を命じた。

森部司令官は、会議が終了した直後の午前四時三十分、罹災地にある警察署以外の県下全警察署に対し署員の非常招集命令を発して各署に待機させ、また県庁内の内務、学務各部の全職員の即時登庁を命じた。

態勢が完全にととのった午前六時頃、三陸沿岸に近い山間部にある岩泉町の岩泉警察署から、

「管下ニ相当ノ津浪被害アリ。救護ノタメ警察官至急派遣アリタシ」

との緊急要請が入った。

この報を受けた非常警備司令部は、待機していた全県下警察官に対し出動命令を発し、各警察では署員が罹災地にむかって一斉に行動を開始。その最終出動は、午前七時三十五分盛岡発下り列車で北方へ向った一隊という機敏さであった。

また岩手県知事は、中央に報告すると同時に盛岡連隊区司令官をはじめ横須賀鎮守府司令長官、大湊要港部司令官に電話連絡をし、陸海軍の救援を要請した。

陸軍では、ただちに派遣部隊を編成、トラックと徒歩による強行軍によって被災地へと急いだ。また騎兵斥候班六一名の先遣隊は同日中に被災地へ、その他陸軍各部隊は、夜までには現場へと乗りこんだ。

海軍の動きも機敏だった。

まず霞ケ浦海軍航空隊は、

「岩手県東海岸大海嘯アリ、被害甚大ノ見込ミ、飛行機派遣ニヨリ状況偵察頼ム」との岩手県知事からの電信を受信すると同時に、館山《たてやま》航空隊と協同して四機の偵察機を発進させた。機は、三日午前十一時に早くも被災地上空に達し災害状況を偵察した。罹災民は、爆音をとどろかせて低空を旋回する機影に救援の近いことを察して喜び合った。

また大湊要港部では、駆逐艦「秋風」「太刀風」「帆風」「羽風」の四隻と特務艦「大泊」を急派、翌三月四日午前六時三十分「秋風」の宮古入港を初めとして各艦は、八戸、山田、大槌、釜石等に到着した。

さらに横須賀鎮守府では、「野風」「沼風」「神風」「稲妻」「雷」の各駆逐艦に衣服、食糧等を満載させて緊急出動させた。

各艦は、最大速力で北進、翌四日午前十一時頃には、濛々《もうもう》と黒煙をなびかせながら、大船渡、釜石、宮古、久慈の各港に姿をみせて投錨した。

罹災民は狂喜してこれを迎え、その中を白脚絆《きやはん》姿の水兵がモーターボートで上陸、救援物資の陸揚げを開始した。

また六日早朝には軍艦「厳島《いつくしま》」が食糧、衣類、毛布等を満載、釜石に入港後宮古にも到着して救援物資を配布した。

県庁は、警察、陸海軍の被災地救援と平行して、独自の救援処置を手際よく実施に移していた。

石黒知事は、被災当日全県民に対して次のような告諭を発表した。

告諭

今暁三陸沿岸ニ於ケル強震ニ伴ヘル海嘯並ニ火災ハ、被害甚大ニシテ往年ノ惨害ヲ想ハシムルモノアリ。之ガ罹災同胞ノ救援ニ就テハ、同胞共済ノ精神ニ基キ至大ノ努力ヲ致サレツツアリト信ズルモ、此ノ際特ニ県民心ヲ協セ万難ヲ排シ罹災同胞ノ救済並被害地町村ノ復興ニ当ラルベシ。時恰《あたか》モ郷土将兵ハ、熱河掃匪ノ為尽忠報国ノ至誠ヲ輸シツツアリ。希《ねがわ》クハ忠勇ナル出動将兵ヲシテ、後顧ノ憂ナカラシムルニ努メラルベシ。

昭和八年三月三日

岩手県知事　石黒英彦

この告諭と同時に県は、とりあえず救助実施計画を立てた。

(1) 被服

イ　呉服商と協議すること（反物）。

ロ　女子中等学校・女子各種学校に仕立を依頼すること。

ハ　夜具準備の手配をすること（軍隊より毛布を借入れること）。一二、五〇〇枚。

ニ　下着・シャツ・ズボン・外套は愛国婦人会・男女青年団・在郷軍人等を総動員し蒐集せしめ送付すること。各一、二五〇着宛。

ホ　最寄町村の活動を促すこと。

(2)　食　糧

イ　農務課に於て手配方依頼せしむること（米・味噌・醬油類の輸送）。

ロ　焚出は最寄町村に依頼すること。

(3)　救療班

衛生課に救療班の派遣を依頼すること。

(4)　避難所

各小学校・寺院等を充てること。

(5)　死者埋葬

罹災地に於て適宜処置すること。

このような計画のもとに救援物資は被災地に送りこまれることになったが、その輸送は思うようにははかどらなかった。第一に、三陸沿岸地方には内陸部からの交通機関が皆無に等しい。トラックを利用して強引に物資を運ばせたが、道路の積雪が深く道もせまい。その上津波で海岸沿いの道路も破壊されていたので、途中から駄馬輸送にたよらねばならなかった。

もともと三陸沿岸各地への物資輸送は海上からおこなうのが最も適していたのだが、津波とその余波で舟のほとんどが流失又は破壊されていて、意のままにはならなかった。輸送に従事したのは、幸いにも被害を受けなかった一〇艘足らずの小舟だけで、輸送量もごくわずかなものにすぎなかった。

被災地は一種の無法地帯と化していて、住民の不安はたかまっていた。全・半壊した家に忍びこんで家財をかすめとるなど、意識的に盗みをはたらく者も多かった。そのような盗難や漂流物などの横領が各地でみられ、また物資不足に乗じて暴利をむさぼる商人の横行も目立った。これに対して続々と被災地に乗りこんだ警察官は、夜もほとんど眠ることもなく警備と経済安定の回復に走りまわっていた。

三陸津波の報は、大きな波紋となってひろがっていった。

天皇は、津波襲来の報告を受けるとすぐに侍従大金益次郎を特使として被災地に派遣した。大金侍従は、三陸沿岸の各町村（風浪激しく岩手県気仙郡綾里村を除く）を精力的に慰問して歩き、また天皇からの御下賜金として死者・行方不明者一人につき金七円、負傷者に金三円、住宅全焼・流失・倒壊世帯・罹災世帯・出動将兵の罹災世帯にそれぞれ金一円を贈った。

中央各省でも被災県と緊密な連絡をとり、救援活動を開始した。たまたま国会の開催中であったので、衆議院では議員一名につき十円の寄附金を集めて北海道、青森・岩手・宮城三県にそれぞれ贈り、各政党では代議士を現地視察のため派遣した。

衆議院・貴族院では、被災地救済の諸提案がすべて満場一致で可決、各種税金の減・免・猶予等をはじめ、食料、衣類、寝具、住宅材料等の無料配布や、道路、港湾の復旧促進が決定された。

民間からの金品の寄附も相つぎ、諸外国からも多くの同情が寄せられた。

新聞社の取材活動も機敏で、記者や写真班は被災地に急行して精力的な取材をつづけ、号外の鈴は毎日のように全国に鳴った。その中には岩手日報の吉田イク代記者のような女性もまじっていた。当時婦人記者はきわめて珍しく、しかも被災地は警察力の警備も不十分で、そのような土地へ女性が単身でおもむくことは非常識とも考えられていた。しかし、吉田記者は上司に懇願して被災地に乗りこんだが、吉田さんの回想によると、携行していった握り飯を被災地で食べようとして口に入れるとすでに凍っていて、ジャリジャリと氷の音がしたという。このことだけでも、被災地の寒気は相当のものだったことが想像できる。

このような各方面からの救援活動によって、被災地には医療団による治療もすすみ救難物資も行きわたっていった。ことに衣類は、軍関係からいち早く支給され、カーキー色の毛布や外套で各町村は埋った。岩手県下閉伊郡田野畑村の被災者の一人である渡辺

耕平氏は、

「その時配給された陸軍の外套《がいとう》を、津波外套といいましてね。つい最近まで津波外套を着ていた人を見かけましたよ」

と、笑いながら話してくれた。

住居の点については、県からの指示で各町村内に急造バラックが建設され、学校、寺院などに収容されていた被災者たちが移された。また、その後家屋を失った世帯には国有林の材木の無料支給もあって、個人用住宅も続々と新築されていったが、津波の被害を再び受けることのないように高所に建てるよう強く要請された。

しかし、この高所への住居移転の実施は困難な問題をかかえていた。災害を受けた住民も津波を避けるためになるべく高い場所に居住するのが最善の方法だということは十分知っていて、事実明治二十九年の大津波後には、高所への住宅の移転が目立ち、昭和八年の大津波後にはこの傾向はさらに増して、町はずれの高台にあった墓所がいつの間にか住宅地になった所さえあった。

しかし、この高所移転も年月がたち津波の記憶がうすれるにつれて、逆もどりする傾向があった。漁業者にとって、家が高所にあることは日常生活の上で不便が大きい。そうした理由で初めから高所移転に応じない者も多かった。

一例をあげると、明治二十九年の大津波で大災害を受けた岩手県気仙郡唐丹村では、山沢鶴松という人が海岸から三〇〇メートルほどはなれた高台にある自分の土地を提供して、熱心に被災者の住居移動を説いて歩いた。が、それに応じたのはわずかに四戸で、これもいつの間にか海岸近くにもどってしまっている。

つまり稀にしかやってこない津波のために日常生活を犠牲にはできないと考える者が多かったのだ。しかし、明治二十九年につぐ昭和八年の大津波によって、徐々にではあるが、住宅の高所建築がすすめられていった。

明治二十九年の大津波後、昭和八年まで、これといった津波災害防止方法はとられていなかった。そうした反省もあって、各被災県が中心になって、住宅問題以外に、防潮堤、防潮林、安全地帯への避難道路等の新設が企てられ、その他災害防止の趣旨を徹底するため、県庁から、「地震津波の心得」というパンフレットが一般に配布された。

それにはまず津波を予知する必要が説かれている。

一、緩慢な長い大揺れの地震があったら、津波のくるおそれがあるので少なくとも一時間位は辛抱して気をつけよ。

一、遠雷或は大砲の如き音がしたら津波のくるおそれがある。

一、津波は、激しい干き潮をもって始まるのを通例とするから、潮の動きに注意せよ。

といった内容のもので、また避難方法としては、

一、家財に目をくれず、高い所へ身一つでのがれよ。

一、もし船に乗っていて岸から二、三百メートルはなれていたら、むしろ沖へ逃げた方が安全である。

などとも書かれている。

また被災地各町村では、その後、独自に津波来襲を仮想した避難演習がひんぱんにおこなわれるようになった。警鐘を打ち、住民は高所へと一斉に走る。それらの訓練では、津波の悲惨な記憶も生々しいので人々の顔には真剣な表情があふれていた。

なお、三陸津波の余波は、南は高知県から北は北海道までの太平洋沿岸全域にわたり、静岡県清水、横浜、銚子、函館、釧路、室蘭、根室等では、顕著な津波が記録された。殊に北海道の襟裳岬の太平洋沿岸では、かなりの激しい津波がみられ、小越村で死者三名、庶野《しよや》村では死者一〇名を出している。

またハワイでは波高一〇メートル、南米チリのイキケ港にも三〇メートルの津波が来襲し、それぞれにかなりの被害をあたえた。

三　チリ地震津波

のっこ、のっことやって来た

日中戦争を経て、日本は太平洋戦争に突入、その末期には太平洋を前面にひかえる三陸沿岸も、アメリカ潜水艦の艦砲射撃や艦載機の銃爆撃をくり返し浴びた。漁業に従事する各市町村では働き手となる男たちが戦場におもむき、その上船の燃料配給もほとんど断たれ、わずかに老いた漁師が小舟で細々と漁をするだけになっていた。

やがて終戦を迎え、男たちも復員して再び各市町村は漁でにぎわうようになった。豊富な魚介類が、再びかれらに恩恵をあたえるようになったのだ。

しかし、三陸沿岸は、いつ襲ってくるかも知れぬ津波の恐怖におびえつづけていた。明治二十九年、昭和八年の二大津波の惨害が、住民たちの胸に忘れがたい記憶として焼きついてはなれなかった。

三陸沿岸地方にも、日本の戦後復興が進むにつれてようやく開発のきざしがみえはじめていた。各港湾は整備され、内陸部と連絡する道路も開通して、陸の孤島という印象も徐々に消えていた。

村は合併して町となり、町が合併して市制が敷かれた。宮古をはじめとした大漁港には、大型漁船がひしめき、遠洋漁業の根拠地としての形をととのえ、また小さな漁村では魚類、海草、貝類の養殖にも着手、収入も安定して得られるようになっていた。

昭和三十五年（一九六〇年）五月二十一日、気象庁は、南米チリの大地震をとらえ、つづいて二十三日午前四時十五分、四度目の地震がきわめて激しい地震であることも観測した。さらにその地震によって起った津波が、太平洋上にひろがり、二十三日午後八時五十分頃にはハワイの海岸に襲来、六〇名の死者を出したことも承知していた。

しかし、気象庁では、チリ地震による津波が日本の太平洋沿岸に来襲するとは考えず、津波警報も発令しなかった。

五月二十四日午前三時頃、大船渡《おおふなと》市の岡田米治という漁師が、他の漁師と湾内の海面から突き出ている海苔養殖の杭《くい》に船をつなげようとしていた。

かれらは、夜間のハモ漁に従事していたのだが、夜が明けるとハモはかからなくなる。そのため漁をやめて自宅へ帰ろうとしていたのだが、家人を起すのも気の毒なので、湾内に船を浮かべて朝になるのを待とうとしていた。

その時、海面に異様な現象が起きた。潮の流れが急に早くなって、船が沖の方へひかれはじめ、しばらくすると上げ潮になって岸の方へ強く引っぱられる。潮の動きが、尋常ではなかった。

海上は薄暗く、周囲の海面の状況がつかめない。漁師たちは、ようやく船を海苔養殖の竹の杭にくくりつけたが、数分後干きはじめた潮の強い流れで竹が音を立てて折れてしまった。しかも、海面の水位は見る間に低下し、船の底が海底につきそうになった。

津波か？　とかれらは思った。岸は近いので、海岸沿いの家の者に警告しようとも考えた。が、早まって人騒がせをしてもまずいので、そのまま黙っていた。そのうちに潮はさらに激しく干いて、楫《かじ》を突き立てていても支えきれない状態となった。

漁師たちは、はっきりと異変の起ったことを察して、岸にむかって、

「津波だ、津波だ」

と、叫んだ。そして、かれらは津波の折には沖へ避難しろという法則にならって、急いで沖へと船を進めた。

この漁師たちの判断通り、それは津波の襲来で、しかもチリ地震によって起ったものだったのだが、岩手県下の死者六一名中、大船渡市では五二名を出すという被害をこうむった。

この津波は、明治二十九年、昭和八年の大津波とは根本的に異なった奇妙な津波だった。

同日午前三時頃、ハモ漁の漁師と同じように陸地でも潮の異常を眼にした人は多かっ

た。が、かれらは、単なる高潮程度と判断し恐るべき津波とは想像もしなかった。その理由は、簡単である。地震がなかったからである。

明治二十九年、昭和八年の大津波は、それぞれ地震後に発生している。昭和八年の津波の後に県庁から出された「地震津波の心得」中にも、地震があったら津波のくるおそれがあると警告している。つまり津波は、地震にともなって起るものとされていたのだ。

さらに、津波にありがちな前兆ともいうべき諸現象もみられなかった。津波襲来前の大漁、井戸水の減・渇水、さらに必ずといっていいほどきこえる遠雷或は大砲の砲撃音のような音響もきこえない。つまり潮は異常な速度で干きはじめていたが、津波にともなう必須の条件と考えられているものが皆無だったのだ。

人々は、悠長にかまえていた。が、それでも潮の動きをいぶかしんで、午前三時五十分頃には、海岸の各所から消防本部に高潮らしいとの報が続々と入るようになった。しかし、それを津波と結びつける者はほとんどいなかった。

午前四時二十分頃、海は本格的に異様な様相をみせはじめた。海水が、思いがけぬ干き方をしめすようになった。

無気味な引き潮は急速に増して、海底が露出、海面下にあった岩石がつぎつぎと黒い岩肌をみせた。そして、湾は、たちまちのうちに広い干潟と化していった。

ようやく海水の動きに恐怖を感じた市民は消防団にその旨を報告し、各地で津波襲来を告げるサイレンが鳴りひびいた。

しかし、市民の反応は薄かった。津波は地震の後にやってくる。その地震が全くないので、サイレンの音も魚の水揚げの折に鳴らす合図か、それともどこかで火事でも起きたのではないかと思っただけだった。

引き潮があってから十分後の午前四時三十分頃、海水は上げ潮となり、本格的な津波が押し寄せた。

しかし、その津波の寄せ方も明治二十九年、昭和八年の津波と全く異なっていた。沿岸で夜明けの海面を見つめていた或る漁師は、「大変な引き潮のあと、水面がモクモクと盛り上って寄せてきた」と言い、他の漁師は、「海水がふくれ上って、のっこ、のっことやって来た」とも言った。つまり津波は、過去の津波のように高々とそびえ立って突き進んでくるものではなく、海面がふくれ上ってゆっくりと襲来したものであったのだ。

しかし、その海面の上昇は想像以上のものがあった。陸に這い上った海水は、人家をのみこみ奥の方へと進んでいった。その上昇の異常さをしめす一例をあげると、大船渡市赤沢地区では、電報電話局の二階まで海水に没し、周辺の他の人家はすべて流失してしまった。

この津波は、三陸海岸全域を襲った。各市町村では、大船渡市の場合と同じように地震をともなわない奇妙な津波に驚かされた。津波に対する防潮堤等の施設のために人命の損失は、明治二十九年、昭和八年の大津波を下廻ったが、それでも大きな被害を各地にあたえた。岩手県下だけでも死者六一名、罹災世帯は六、八三二（三五、二七九名）に達し、流失家屋四七二戸、全壊四一一戸、半壊一、一〇〇戸、浸水四、六五六戸にも及んだのである。

明治二十九年、昭和八年の大津波が両方とも夜間であったのに比べて、昭和三十五年のチリ津波は、夜も明けはなたれた頃であったので避難も早く人命損失も少なかったのである。

が、地震もなく、一漁師の口にしたように「のっこ、のっこ」とやって来た津波は、人々に奇異な印象をあたえた。

岩手県教員組合編の『災害と教育』中におさめられている学校の生徒の作文にも、その戸まどいがよく表現されている。

岩手県下閉伊郡山田町

船越中学校二年B組　花坂祐二

その前――

津波についての話は、ぼく達は小さい時からずい分耳にすることが多かったが、実際は勿論知らなかった。ぼくの家は、船越湾の奥のゆるやかにカーブした波打際に、三、四軒固まってあるその中の一つ。父と母は、親類と一緒にノリ養殖を職業としている。

ノリシバは、家のすぐそばの内湾に拡がり、景気に左右されるという大人達の話はいつも聞いていたが、とにかく仕事は毎年続けられている。

地震後には、津波！　ということは常に頭の中にあった。事実、今年の二月にも相当大きな地震があり、ぼく達は高台に急ぎ、学校も二日間登校禁止になった。しかしその時は、「ヨダ」といわれる高潮の一種で終った。津波は経験しなかったが、それに対しておそろしさは急にふくれ上って来た。

その時も、ノリシバは被害を受け、また、近くの浜には三十トンほどの漁船が打ち上げられた。

その日――

その晩、ぼくは、いつものようにぐっすり睡っていた。いきなり大きな声がしたので、家中あわてて外に出た。波は、もう家の軒下にまで迫っていた。

夢中で高い所に逃げた。高台からみていると、潮はどんどんひいて行く。今までにない位、遠くまでひいて行った。見たことがなかった岩さえ、海の真ん中に突き出ていたり、魚らしいものも見えた。

ぼくは、まだおそろしいとは思わなかった。近所の友達と、魚をとりに降りて行った。

皆魚を手づかみでとったが、大人に呼ばれてまた高台をかけ上った。再び潮が押し寄せて来た。

船も、家も、そのほか棒や木材やごみが、ふくれ上がる水面に浮かんで動いている。電柱が倒れ、電線が糸のように切れる。浮かび上っているぼくの家に、船がぶつかり、ぼくは思わず顔をおおっていた。

その後——

ぼくは、「災害」という言葉をはじめて知った。それから、「地震がなくても津波は来る」いや「津波は来た」ということも。


この作文の中で、「ぼく」は友達と干上った海に魚をとりにゆくが、少年らしい無心さというか悠長というか、大人にとっては戦慄するような行為ではあるものの、この描写はチリ津波の特徴をよくしめしている。

過去の明治二十九年、昭和八年の大津波は、第一波から第二波の間の津波襲来時間は、五分から十分程度の短いものであったが、チリ津波は、遠い南米チリで起った地震によって発生したものなので波長がきわめて長い。そのため第一波と第二波の間隔は三十分間もあり、少年たちが干上った海に魚をとりに行っても波にさらわれなかったのである。

地震がなかったので、津波の警報もおくれがちであった。「津波だ!」といわれても、地震がないから津波ではないと避難をこばんだ老人もいる。三陸沿岸の住民にとって、チリ津波は誠に奇怪な津波であったのだ。

大船渡小学校六年生の石川量一という少年は父と弟と妹の三人を失ったが、初めは警報のサイレンを火事の発生と思いこんでいる。

「アッ、火事だ」

消防団のサイレンがけたたましくなった。

ぼくは、ねている弟を起した。急いで服をきて表に出て見た。津波だ。大変だ。ぼくは家の中にもどって、

「けんじ、けんじ」

と声をはりあげて呼んだが、へんじがなかった。

もう一度表に出て見たら、弟がお父さんにおんぶしてくれ、といっていたのが最後の声だった。

水はぼくのひざかぶぐらい来た。お母さんは妹をおぶってにげた。ぼくがお母さんの後をおっていこうとしたら、女中さんが、

「量ちゃん、量ちゃん」

とよんだからたすかったが、よばなければぼくも死んでいた。

僕と女中さんは、隣の木下医院の窓にすがっていた。お母さんがひろ子をおぶって、せんろの方へにげようとしたら、木下医院の間から大波が来てお母さんの足をさらっていった。そのときぼくは、「お母さんが死んだ」と思った。私は、思わず涙が出た。病院の窓にしっかりすがりついて、ぼくの家の方を見たら家はたおされていた。

ぼくは、津波を初めて見たので津波の力がわからなかった。だんだん水がいっぱいになって、首まできた。もうだめか、と思った。すると、水がだんだんひいていって、病院の薬のまざったにおいが窓から流れて来た。強い臭いだった。その臭いで死ぬかと思った。

だんだん臭いがしなくなって、またも津波が来た。その津波は弱かった。すぐに水はひけた。

そこへ消防団の人が来たのでおぶってもらって旅館の二階に上った。しばらくたって及川さんの知っている家へ行くとちゅうに、おかあさんが柴田病院にいると聞いたのでよかったと思った。すぐ柴田病院に行って、お母さんにあった。そこでずぶぬれの下着をとりかえ、二階で休んだ。

少したって女中さんが来て、ひろ子の死体を柴田病院に持って来たといった。私は、驚いてしまった。その時は死体を見なかった。

しばらくすると、又も、

「津波だ、津波だ」

と、みんながさわいだので、すぐに「大三」の車にのって中学校へにげた。

それから及川さんのしんせきで休んでいたら、おとうさんとけんじの死体が見つかったというので、すぐに西光寺に行こうと思ったら、永井さんのおとうさんが呼びに来たので永井さんの家でおちついていた。それから仙台のおじさんが車で二人来たので、それにのって西光寺までいって、おとうさん、けんじ、ひろ子の死体を見たら、ぼくは大声をあげて泣いてしまった。

お母さんは、みんなにすがりついて泣いた。ぼくはかなしくて、かなしくてわからなかった。ぼくが泣いていると、おかあさんが、

「あと泣くな」

と、いった。それでもかなしくてわからなかった。（後略）

このような悲劇が、又も三陸地方でみられたのである。

予知

チリ地震は、津波が日本を襲った前日の五月二十三日午前四時十分頃（日本時間）、南米チリの中部沖合（南緯三八度、西経七二度）で発生したものである。そして、その地震波は、約二十二時間三十分を要して大平洋を越え、三陸沿岸を中心に、北は北海道から南は九州まで津波となってあらわれたのである。

太平洋をはさんで南米と日本は向い合った場所にあり、ことに三陸沿岸は、たとえ一万八、〇〇〇キロの距離をへだててはいても、チリ沿岸の湾曲線からはじき出された波動を最もよく受ける所に位置している。チリで発生した波は赤道を越え、その勢いを衰えさせることもなく三陸沿岸に到達する。しかも三陸沖合は深海なのでエネルギーの損耗も少なく、大陸棚の上をスムースに越えて沿岸に寄せてくるのである。

三陸沿岸地方の住民にとって、それは無気味な津波に思えた。

しかし、そのようなはるか遠くはなれた地域の地震によって起った津波の来襲が過去になかったわけではなかった。

元宮古測候所長の二宮三郎氏は、そのことに関して田老町の『津波と防災』中に過去の事例について述べている。

それによると二宮氏は、昭和十三年頃中央気象台盛岡支台に勤務中、岩手県の災害年表を作るため旧南部藩の古記録やその他の史料をあさってゆくうちに、津波の記録にも接した。その中の一つに、

「宝暦元年五月二日　大槌地方未刻ヨリ浦々大潮七度小潮五度サシ入リ　浦々民家ヘハ敷板マデ上リ田畑水ノ下ニ相成リ　四日町八日町向川原裏道海ノ如ク酉刻潮引ク　人馬怪我無之」

という叙述がみられた。

これは、今から二百二十年前の大槌《おおつち》地方を襲った津波の記録だが、二宮氏はその文章の中に地震についての記載が全くみられないことに注目した。又、津波の第一波が未刻《ひつじのこく》（午後二時）で、酉刻《とりのこく》（午後六時）までつづいたということは津波の時間がかなり長く、また情景の叙述も「サシ入り」などという表現でもわかるように、なにか津波がゆるやかなものであるようにも察しられた。そんなことに不審感をいだいた二宮氏は、後に昭和三十五年のチリ津波の実地調査にあたった折、あらゆる点で宝暦元年の津波と酷似していることに思い至った。

チリ津波は、北海道の太平洋沿岸をも襲ったが、厚岸《あつけし》の或る高校教師は、「(チリ津波は) 津波の概念を破って、海面が平面的にふくれ上り、街路や家々が、静かに水の中に浸っていった」と述べているのを読んで、その形容が宝暦元年の津波の記録の叙述と共通したものがあることにも気づいた。

早速二宮氏は、外国の地震史を調査してみた。その結果、一つの貴重な発見をした。宝暦元年の津波襲来日の前日に、チリ津波の因となった地震の震源地との同一海域で、巨大な地震による大津波が発生していることを突きとめたのだ。

これに力を得た二宮氏は、過去三百八十年間に起った大小四十三例の三陸沿岸を襲った津波をしらべた結果、九例の津波がチリ津波と同じように南米に起った地震津波の余波であることを探りあてた。

一、天正十四年五月四日(一五八六年六月三十日)海嘯アリ……一五八六年七月九日ペルーのリマ沖に大地震

二、慶安四年(一六五一年)宮城亘利郡マデ津波襲来……一六五一年ペルー、チリに地震

三、貞享四年九月十七日(一六八七年十月二十二日)塩竈ヲ初メ宮城県沿岸ニ津波アリ……一六八七年十月二十日、ペルーのキャラオに津波発生

四、享保十五年五月二十五日(一七三〇年七月九日)陸奥宮城本吉牡鹿桃生ナド四郡

ニ津波アリ、田畑ニ被害………一七三〇年七月八日～九日、チリのコンセプシオンに津波

五、宝暦元年五月二日（一七五一年五月二十六日）大槌地方ニ津波アリ………一七五一年五月二十四日、チリのコンセプシオンに津波

六、天明年間（一七八一―一七八九年）陸前海岸ニ津波来襲………一七八七年三月二十八日～四月三日メキシコに津波

七、天保八年十月十一日（一八三七年十一月八日）陸前本吉気仙ナド四郡沿岸ニ潮アフレ、田ハ冠水………一八三七年十一月七日、チリのヴァルディヴィアに地震

八、明治元年（一八六八年）六月宮城、本吉郡地方ニ津波アリ………一八六八年八月十三日、北チリに津波発生

九、大正十一年（一九二二年）十一月十二日日本太平洋岸ニ津波アリ………一九二二年十一月十一日、チリのアタカマに津波あり、死者一、〇〇〇名

この対比によってもあきらかなように、三陸沿岸を襲った九例の津波のうち貞享四年、享保十五年、宝暦元年、天保八年、大正十一年の五例は、まちがいなく南米の太平洋沿岸に発生した津波の影響を受け、他の四例もその可能性が大きいことが判明した。

この二宮氏の比較調査は、チリ津波が決して珍しいものではないことを立証したが、その襲来を予知し警告を発しなかった気象庁は一つの大きな過失をおかしたことになる。

チリ津波が三陸沿岸に達するまでには二十二時間三十分という長い時間的余裕があった。しかもその間、ハワイでは死者も出るような津波が襲っていたし、当然日本にも津波の来襲があると予測するのが常識だったにちがいない。

この点について、早くから一般に対して警告を発していた人もいたが、その一人に東京水産大学物理学教室（当時）の三好寿氏がいる。

氏は、チリ津波来襲の五年前にあたる昭和三十年、科学雑誌『自然』に「津波」という論文を発表している。三好氏は、その中で昭和二十七年十一月五日にカムチャツカ沖で起った津波が遠くチリに波高約四メートルの津波を起させている事実をあげ、逆にチリ沖で発生した津波はカムチャツカを襲うはずだと述べている。また三好氏は、チリ津波が日本の太平洋沿岸に押し寄せる可能性も高いので、十分な注意をはらう必要があるという意見も発表していた。

たしかに過去の津波の歴史をふり返ってみても、南米の太平洋沿岸地震による津波が日本を襲った例は少ないが、確率の点からいえば、かなりの率を占める。チリに地震が発生後、十分な観測もおこなわず三陸沿岸をはじめ日本の太平洋沿岸に積極的な事前警告をおこなわなかったという気象庁は、世の批判を受けてもやむを得なかったのだ。

津波との戦い

津波は、自然現象である。ということは、今後も果てしなく反復されることを意味している。

海底地震の頻発する場所を沖にひかえ、しかも南米大陸の地震津波の余波を受ける位置にある三陸沿岸は、リアス式海岸という津波を受けるのに最も適した地形をしていて、本質的に津波の最大災害地としての条件を十分すぎるほど備えているといっていい。津波は、今後も三陸沿岸を襲い、その都度災害をあたえるにちがいない。

しかし、明治二十九年、昭和八年、昭和三十五年と津波の被害度をたどってみると、そこにはあきらかな減少傾向がみられる。

死者数を比較してみても、

明治二十九年の大津波……………二六、三六〇名
昭和八年の大津波…………………二、九九五名

昭和三十五年のチリ地震津波……………一〇五名

と、激減している。

流失家屋にしても、

明治二十九年の大津波……………九、八七九戸

昭和八年の大津波……………四、八八五戸

昭和三十五年のチリ地震津波……………一、四七四戸

と、死者の減少率ほどではないが被害は軽くなっている。その理由は、波高その他複雑な要素がからみ合って、断定することはむろんできない。しかし、住民の津波に対する認識が深まり、昭和八年の大津波以後の津波防止の施設がようやく海岸に備えはじめられてきたことも、その一因であることはたしかだろう。

高地への住居の移動は、容易ではないが意識的にすすめられていたことも事実である。そして、それと併行して住民の津波避難訓練、防潮堤その他の建設が、津波被害を防止するのに大きな力を発揮していたと考えていい。その模範的な例が、岩手県下閉伊郡田老町にみられる。

田老町は、明治二十九年に死者一、八五九名、昭和八年に九一一名と、二度の津波来襲時にそれぞれ最大の被害を受けた被災地であった。

「津波太郎（田老）」という名称が町に冠せられたほどで、潰滅的打撃を受けた田老は、

人の住むのに不適当な危険きわまりない場所と言われたほどだった。

しかし、住民は田老を去らなかった。小さな町ではあるが環境に恵まれ豊かな生活が約束されている。風光も美しく、祖先の築いた土地をたとえどのような理由があろうとも、はなれることなどできようはずもなかったのだ。

町の人々は、結局津波に対してその被害防止のために積極的な姿勢をとった。まずかれらは、昭和八年の津波の翌年から海岸線に防潮堤の建設をはじめ、それは戦争で中断されはしたが九六〇メートルの堤防となって出現した。さらに戦後昭和二十九年に新堤防の起工に着手、昭和三十三年三月に至って全長一、三五〇メートル、上幅三メートル、根幅最大二五メートル、高さ最大七・七メートル（海面からの高さ一〇・六五メートル）という類をみない大防潮堤を完成した。またその後改良工事が加えられ、一、三四五メートルの堤防が新規事業として施行されている。

この防潮堤の存在もあって、チリ津波の折には死者もなく家屋の被害もなかったのである。

私も田老町を訪れた時、海岸に高々とそびえる防潮堤に上ってみた。堤は厚く、弧をえがいて海岸を長々とふちどっている。町の家並は防潮堤の内部に保護されて、海面から完全に遮断されている。町民の努力の結果なのだろうが、それは壮大な景観であった。

そのほか田老町では、避難道路も完成している。それまでの津波来襲時に、道路がせまいため住民の避難が思うようにゆかなかった苦い経験をもとに、広い避難道路を作ったのである。また避難所、防潮林、警報器などの設備も完備している。

ことに町をあげての津波避難訓練は、昭和八年三月三日の大津波来襲を記念して、毎年三月三日におこなわれている。それも、昭和八年の地震発生時刻の午前二時三十一分三十九秒（盛岡測候所記録）に津波襲来を予告するサイレンの吹鳴によって開始されるという徹底したものである。むろんそれは、寒さの厳しい深夜なのだが、住民は真剣な表情で凍てついた夜道を一斉に避難するのだ。

このような津波対策に積極的な田老町に、昭和四十三年五月十六日、十勝沖地震による津波が襲来した。

その地震は、北海道襟裳岬の南々東一二〇キロ、北緯四〇・七度、東経一四三・六度の海底を震源地とし、マグニチュード七・九という大規模なものだった。関東大震災の七・九をわずかに下廻り、昭和三十九年六月の新潟地震をしのぐ強烈な地震であった。

この地震は、三陸沿岸地方にも伝わり、その後津波の来襲を受けた。その折の田老町の住民は、訓練の成果を十分に発揮した。

午前九時四十九分、地震発生と同時に全町に対して避難命令が発せられた。津波は地震後襲来する可能性が高いので、早くも住民の避難が開始されたのである。また命令系統を一本化するため、あらかじめ定められた通り災害対策本部が設置された。

それから十五分後、津波襲来の予想がたかまったので、本部は、津波警報を発令。それを告げるサイレンが、全町にひびきわたり、またスピーカーでその旨が放送された。

さらに二十分後の午前十時二十五分、海面の観測に便利な見張所から、

「水が干けないで海面が上昇しはじめた」

という第一報が入った。それは、津波の最初の前兆ともいえるものであった。これも赤沼山高台に立つ高い鉄塔の上に据えられた六個のスピーカーで全町に放送された。

その頃警察から津波警報発令の連絡が入ったが、すでに田老町は万全の態勢をとっていたのだ。

午前十時二十八分、見張所から、

「海水が干きはじめたので、当所員も避難する」

という第二報が入った。

いよいよ津波襲来は確実となり、対策本部は緊張して一層厳重な監視をつづけた。そのうちに、沖合で海水が盛り上った。

対策本部は、午前十時三十分津波来襲と断定、全町内に対しサイレンを吹鳴するとともに、

「津波、津波、津波」

と、スピーカーで連呼した。

二分後、電話不通となる。

津波は、二メートルの波高で海岸に押し寄せたが、防潮堤はかたくそれを阻止、対策本部は岩手県知事に対し、

「午前十一時現在、人的被害なし、その他の被害は目下調査中」

と、第一報をつたえた。

そのうちに被害状況が各所から入り、午前十一時五十分、港内外で漁船が漂流、うち一隻が顚覆したことが判明し、県知事にその旨を報告した。

また津波の高さは、午前十時に二・二五メートル、港外流失船大型船一、小型船五、港内流失船小型船四を確認した。

その後、海面の状況を注意していたが、次第におだやかとなり、午後五時宮古測候所と協議の結果、津波は終ったと判断し、全町民に対し「津波警報解除」を放送した。

このように田老町の津波対策は秩序正しいものだが、他の市町村でもこれに準じた同じような対策が立てられている。

しかし、自然は、人間の想像をはるかに越えた姿をみせる。

防潮堤を例にあげれば、田老町の壮大な防潮堤は、高さが海面より一〇・六五メートルある。が、明治二十九年、昭和八年の大津波は、一〇メートル以上の波高を記録した場所が多い。

私は、田野畑村羅賀の高所に建つ中村丹蔵氏の家の庭先に立った折のことを忘れられない。海面は、はるか下方にあった。その家が明治二十九年の大津波の折に被害を受けたことを考えると、海水が五〇メートル近くも逼《は》い上ってきたことになる。

そのような大津波が押し寄せれば、海水は高さ一〇メートルほどの防潮堤を越すことはまちがいない。

しかし、その場合でも、頑丈な防潮堤は津波の力を損耗させることはたしかだ。それだけでも、被害はかなり軽減されるにちがいない。

十勝沖地震津波の一カ月ほど後、私は、三陸沿岸を旅した。

或る夜明けに、かすかな地震があった。

私はとび起きて、宿屋のガラス越しに海をながめ、海岸を見渡した。夜の漁をした漁船が浜にもどって来ていて、村人が漁獲物を整理している。その人々に、異様な動きはみられなかった。

私は安心して再びふとんにもぐりこんだ。三陸沿岸の人々は、津波に鋭敏な神経をもっている。もし海に異常があれば、その人々は事前にそれを察知するにちがいない。

明治二十九年の大津波以来、昭和八年の大津波、昭和三十五年のチリ地震津波、昭和四十三年の十勝沖地震津波等を経験した岩手県田野畑村の早野幸太郎氏（八十七歳）の言葉は、私に印象深いものとして残っている。

早野氏は、言った。

「津波は、時世が変ってもなくならない、必ず今後も襲ってくる。しかし、今の人たちは色々な方法で十分警戒しているから、死ぬ人はめったにないと思う」

この言葉は、すさまじい幾つかの津波を体験してきた人のものだけに重みがある。

私は、津波の歴史を知ったことによって一層三陸海岸に対する愛着を深めている。屹立した断崖、連なる岩、点在する人家の集落、それらは、度重なる津波の激浪に堪えて毅然とした姿で海と対している。そしてさらに、私はその海岸で津波と戦いながら生きてきた人々を見るのだ。

私は、今年も三陸沿岸を歩いてみたいと思っている。

参考文献

『岩手県昭和震災誌』　岩手県知事官房発行
『昭和八年三月三日三陸沖強震及津浪報告』　中央気象台発行
『風俗画報　大海嘯被害録　上・中・下巻』
（明治二十九年七月十日、七月二十五日、八月十日）
『田老村津浪誌』　田老小学校編
『津波と防災』　田老町役場総務課発行
『災害と教育』　岩手県教員組合編
『チリ地震津波災害対策事業計画に関する調査研究』のうち
岩手大学農学部農業工学教室石川武男氏の記述

あとがき——文庫化にあたって

二十年以上も前から岩手県の三陸海岸にある下閉伊郡田野畑村に、毎年のように足をむけた。休養をとるためだが、小説の舞台にしたこともある。

その間、村人たちから津波の話をしばしばきいた。美しい海面をながめながら、海水が急激に盛りあがって白い波しぶきを吹きちらしながら、轟音とともに岸に押し寄せ、人や家屋を沖へはこび去る情景を想像した。

常宿にしていた旅館の女主人は、津波が来襲する直前、海水が沖に急激にひいて、海底が広々と露出したことも口にした。おそらく海草がひろがっているのだろうと思ったところ、海底は茶色い岩だらけであったという話が、妙に生々しく感じられた。

私は、これらの話に三陸海岸と津波は切りはなせぬものだということを知った。それまで三陸海岸の北部にある久慈から南へ、羅賀、島ノ越、宮古、山田、釜石、大船渡、気仙沼、女川と、それぞれ泊り歩いていたので土地勘はあり、それらの地を襲った津波について実地調査をし、書いてみようと思い立った。

最初に手にしたのは「風俗画報」で、そこには明治二十九年に三陸海岸一帯に来襲した大津波のことが「大海嘯被害録」として、上、中、下三巻に記されていた。専門の学者による地震、津波の原因、分析などの短い論文につづいて、各地の被害、救護状況その他が詳細に記されている。当時は、三陸海岸に通じる鉄道などなく、海岸ぞいの町村は、舟で連絡し合うだけの陸の孤島であった。が、「風俗画報」の記者は、海岸線の町村を丹念に歩き、惨状を記事にしている。非常な労力をついやしたはずで、現在の週刊誌の記者顔負けの精力的な取材がおこなわれたのを知ることができる。

三陸海岸の津波に関する資料は、岩手県庁のおかれた盛岡市にあるはずで、私は東京をたち、盛岡へおもむいた。県立図書館で県庁関係の書類、当時の新聞などをあさり、専門家の調査研究書にも眼を通した。

それを終えた私は、盛岡をはなれて海岸ぞいの町村歩きをはじめた。昭和八年の津波の体験者は数多くいるが、さすがに明治二十九年の津波のことを知る人は皆無に近かった。体験した方がいるというので、その家を訪れると、座敷で寝ていて、話をきくのを断念したこともあった。

結局、明治二十九年の津波について話をきくことができたのは、島ノ越の早野幸太郎氏と羅賀の中村丹蔵氏の二人だけであった。私が両氏を訪れた昭和四十五年に早野氏は八十七歳、中村氏は八十五歳であった。現在はお二人とも故人になられ、おそらく現在では明治二十九年の津波のことを知る人はなく、私は、幸いにも両氏から津波のことをきくことができたのである。

昭和八年の津波については、田老町（当時は田老村）で貴重なものを見つけた。田老尋常高等小学校生徒たちの作文集であった。子供の鋭敏な眼に津波がどう映ったか、興味をいだいたが、読んでみると、予想通りのすぐれた作文ばかりで、しばしば眼頭が熱くなった。

町役場の方の案内で、私は作文を書いた人を訪れた。それらの人たちは、今でも津波をおそれ、軽い地震があっても高台へ急ぐという。田老町の被害は甚大で、異様なほどの防潮堤が海岸ぞいにのびている。

津波の調査をし、それを書いてから早くも十四年がたつ。「海の壁」と題したが、文庫にするにあたって「三陸海岸大津波」と改めた。津波を接近してくる壁になぞらえたのだが、少し気取りすぎていると反省し、表題の通りの題にしたのである。

再び文庫化にあたって

三年前の一月下旬、岩手県の三陸海岸にある羅賀《らが》という地に建つホテルで、津波についての講演をした。沿岸の市町村から多くの人々が集ってきて、熱心に私の話を聴いて下さったが、話をしている間、奇妙な思いにとらわれた。耳をかたむけている方々のほとんどが、この沿岸を襲った津波について体験していないことに気づいたのである。

「明治二十九年の六月十五日夜の津波では、この羅賀に五十メートルの高さの津波が押し寄せたのです」

私が言うと、人々の顔に驚きの色が濃くうかび、おびえた眼を海にむける人もいた。

私は、三十四年前、仙台方面から青森方面まで約一カ月にわたって、太平洋に面した三陸沿岸を一人で旅をしたことを思い起していた。バスに乗りつぎ、時にはトラックやライトバンを呼びとめて次の町村まで乗せてもらい、津波の体験者の回想を求めて歩きまわった。

明治二十九年の津波は、ジャバ島近くの島の火山爆発による津波につぐ世界史上第二位の大津波で、その津波については二人の記憶力たしかな体験者から生々しい証言を得たことは幸運であった。

むろんその方たちは現在、故人になっていて、それにつぐ昭和八年に三陸沿岸を襲った津波の体験者も、生きている方は少ないはずである。

その調査の旅をした頃、私はまだ十分に若く、元気で、一カ月近く町から村へとたどる旅はいっこうに苦にならなかった。今あらためて読み返してみると、その調査の眼が四方八方に十分にのびていて、自分で言うのはおかしいが、満足すべきものだったという思いがある。

私の手もとに、一葉の古びた写真がある。海浜で蓆《むしろ》に全身をおおわれた遺体。その調査の旅でどなたかにいただいた写真だが、蓆の上には雪が附着していて、昭和八年の津波は三月三日だから、その折の写真にちがいない。

今も三陸海岸を旅すると、所々に見える防潮堤とともに、多くの死者の声がきこえるような気がする。

平成十六年新春

吉村昭

解説　記録する力

髙山文彦

山育ちで津波を知らない私は、吉村昭氏の『三陸海岸大津波』を読んで、子供のころ映画館でよく観た「ゴジラ」のことを思い浮かべた。

ゴジラは津波のようなものかもしれない。はるか彼方から海を渡って上陸する姿は、チリで起きた大地震によって発生した津波が、ハワイ諸島を侵し、三陸海岸までをも侵そうとする姿に似ている。ゴジラが海から立ち上がるとき、海面も山のように立ち上がる。水の山脈は沿岸の町を呑み込んでしまう。

ゴジラは海の底で眠り、海の底からやって来る。まるで三陸沖で海底地震を頻発させるマグマのようではないか。

吉村氏は津波のことを三陸地方で「ヨダ」と呼ぶとしるしている。ゴジラにならえば、「ヨダ」とは津波を怪物に見立てた呼び名ではないのか。私が生まれ育った山には、「デイダラボッチ」という途方もなく大きな森の主が棲んでいた。デイダラボッチはときに荒れ狂い、山津波を起こし、麓の村を一網打尽にする。「ヨダ」とは、それに似た海の主のことなのではないのか。

たとえば、八岐大蛇《やまたのおろち》である。首が八つ、頭が八つ、尾が八つあるその怪物は、里の娘を食べに来る。スサノオによって退治されることになる八岐大蛇とは、見はるかす彼方まで幾重にも折り重なる出雲の山々のことをあらわしていた。「八」とは「たくさんある」ということ、「岐」とは山々が幾重にも連なるさま、「大蛇」とはときおり濁流となって暴れ狂う川を指す。どこか生きものをあらわすような「ヨダ」という言い方も、土着的な信仰に根ざしたもののように思われた。

津波のすさまじさと、津波と闘いつづけた人びとの姿を記録したこの本を読んでいると、ゴジラ映画でさえ切実なものに感じられてくる。そして私は、かつて自分が旅した自然災害に見舞われたいくつかの土地のことを思い浮かべ、あのときはああだった、このときはこうだったと、しみじみふり返った。

本書によって考えさせられることは、かくも多様である。昭和四十五年に上梓されているのに、少しも古びていない。それどころか新しくさえ感じられるのは、きっと吉村氏が、津波の脅威を人間の生活の側に引き寄せて記録しているからだろう。

三陸の人びとにとって、津波は宿痾《しゅくあ》のごとくある。ならば新天地を求めて移り住めばよい。しかし人びとは土地を離れず、津波をいつか必ず来るものと受けとめて生きてきた。そうした人間の姿が、簡単に故郷を離れることの多くなったいまでは、新しく感じられるのだろうか。

吉村氏は徹頭徹尾「記録する」ことに徹している。だから、付け焼き刃的なフォークロアの甘いアプローチをしない。情緒的な解釈もしない。圧倒的な事実の積み重ねの背後から、それこそ津波のように立ち上がってくるのは、読む側にさまざまなことを考えさせ、想像させる喚起力である。

明治二十九年の大津波と昭和八年の大津波で、もっとも大きな被害を受けたのは田老《たろう》町《ちょう》の人びとであった。私は田老出身の国会議員を知っていた。昭和八年の大津波のあとに生まれたその人は、田老は三陸のなかでも波が一等荒いところなのに満足な波止場さえない見放された土地だったと言い、他所《よそ》の人たちは「津波太郎（田老）」と呼んで、だれも住みたがらなかった、と語ってくれたことがある。

本書を読んで私は、あの議員の家系は二度の大津波で辛うじて生き残ったひと握りの人だったのかとはじめて知り、文中にほんの一ヵ所だけ登場する人の名字と同じなので、もしかしたら彼の親かもしれないと考えたりした。

大人になったら政治家になって田老の港を整備したい、それが子供のころの願いだったと話していたが、なるほどこれほどまで壊滅的な打撃を被った土地の生まれなら、そう願っても不思議ではないと腑に落ちた。

その田老をはじめとする三陸沿岸の人びとが、明治の大津波についで、なぜ昭和の大津波でも大きな犠牲を払わなければならなかったのか。これは悔いても悔いきれない、痛ましい事実である。

鰯の大群が来て、おどろくばかりの豊漁がつづき、やがて海に大干潮が訪れた。湾の中は海底が露出し、川は激流となって海に流れ込んだ。海上には稲光のような青い閃光が走り、やがて地震が家々をはげしく揺らした。

どれもこれも明治の大津波のときと同じ前兆だったが、たいていの家の者が地震で飛び起きたあと、また蒲団にもぐり込んだ。そのために、逃げおくれたのである。「冬季と晴天の日には津波の来襲がない」と信じられていたからだ。多くの老人たちがそのことを口にし、家族は安心して床に就いた。迷信は人を怠惰にする。

明治の大津波が来たのが旧暦の端午の節句、昭和の大津波が来たのが桃の節句、このふたつの符合がなんともやるせない。その日、たくさんの子供が死んでいった。

昭和の大津波で生き残った子供たちは、体験を作文にあらわした。孤児となった子、親きょうだいを探す子、津波に呑まれて助かった子——彼らは、恐怖や喪失の悲しみを一歩ひいたところから見ているように感じられる。その距離感が、悲しみや痛みを倍加して伝えてくる。身を切るようにして綴られた子供たちの作文こそ、「記録」とはなにかを語りかけてくるようだ。

「私は、私のおとうさんもたしかに死んだだろうと思いますと、なみだが出てまいりました。

下へおりていって死んだ人を見ましたら、私のお友だちでした。

私は、その死んだ人に手をかけて、

『みきさん』

と声をかけますと、口から、あわが出てきました」

この作文を書いた少女は、四十代半ばとなって、幸せに暮らしていた。吉村氏は彼女に会い、話を聞く。ふたりが会うという事実が、とても尊い出来事のように思われた。「あわが出てきました」とあるのは、その地方で死人に親しい人が声をかけると口から泡を出すという言い伝えから来ている一文だそうで、少女の死体をかこんでいた人たちは、「親しい者が声をかけたからだ」と涙を流したという。

これもまた、迷信ではあろう。しかし、こちらの迷信は小さな奇跡として、寒さと悲しみの底にある人びとのこころに、ほのかな灯をともしたのである。

昭和三十五年の南米チリの大地震が運んできた大津波では、気象庁は津波警報を発令しなかった。三陸地方に地震はなかったので、土地の人びともまさか津波が来るとは思わなかった。

規模は過去の二度の大津波よりも小さい。被害も少なかったが、地球の反対側で起きた地震が、三陸沿岸まで津波を運んでくるという事実が、人びとを津波にたいしてさらに注意深くさせた。

こうして彼らは昭和四十三年、十勝沖地震による大津波に襲われたとき、それまで積み重ねてきた避難訓練の成果を見事に発揮して、被害を最小限にくい止めることができたのである。

十年ばかりまえ、私は田老を訪れたことがある。異様なほどに巨大な防波堤が、視界をさえぎるように海にそそり立っていた。景観美をいちじるしく損ねる姿に閉口したけれども、それはただ過ぎ去るだけの旅人の独りよがりというものだ。二十メートルをはるかに超える高さで押し寄せてくる大津波を、この防波堤がすべてくい止めることができるはずがない。海に生きる人びとは、津波の来襲を拒めない。いや、拒まないのである。

「津波は、時世が変ってもなくならない、必ず今後も襲ってくる。しかし、今の人たちは色々な方法で十分警戒しているから、死ぬ人はめったにいないと思う」という古老の言葉が輝いて見えるのは、明治の大津波から十勝沖地震津波までを経験し、生き抜いてきたからだ。

記録に徹した吉村氏の筆致の向こうから立ちのぼってくるのは、津波で死んだ人たちの声や、生き残ったとしてもなにも語らぬままこの世を去った人たちの声である。その人たちは、津波の恐ろしさを語るより、三陸の海の豊かさを語るようにも思われた。

彼らは「津波が来るからといって、宝の海を捨てられるものか」と私の耳元で囁き、津波に襲われるまでの暮らしぶりについて、話しかけてくる。そうした多くの死者たちに支えられた本書は、そのときどきの人間の過ちをもふくめて、私たちに「こうしたほうがいい」と知恵を授けてくれる。

記録文学者としての吉村氏の根幹を、本書は十二分にしめしている。卓越した記録者とは、記録することの叶わなかった人間の声ばかりか、草や岩や魚や水といった無言のものたちの声まで運んでこようとする。証言者の声は、彼らの声に磨かれて、さらに輝きを増すのだろう。

未来に伝えられるべき、貴重な記録である。文春文庫として再々刊されるのは、個人的なことを言わせてもらうと、あとにつづこうとする者にとって、直接教えを受けるようで嬉しい。吉村氏がこれを上梓したのは、四十三歳のときであった。私は「記録する意志」について、三十年まえから届いた大切な伝言として受けとめた。

（作家）

文春文庫

三陸《さんりく》海岸《かいがん》大《おお》津《つ》波《なみ》

定価はカバーに表示してあります

2004年3月10日　第1刷
2021年2月25日　第15刷

著　者　吉《よし》村《むら》　昭《あきら》

発行者　花田朋子
発行所　株式会社 文藝春秋

東京都千代田区紀尾井町 3-23　〒102-8008
TEL 03・3265・1211㈹
文藝春秋ホームページ　http://www.bunshun.co.jp

落丁、乱丁本は、お手数ですが小社製作部宛お送り下さい。送料小社負担でお取替致します。

印刷・凸版印刷　製本・加藤製本
Printed in Japan
ISBN978-4-16-716940-4